AF475487

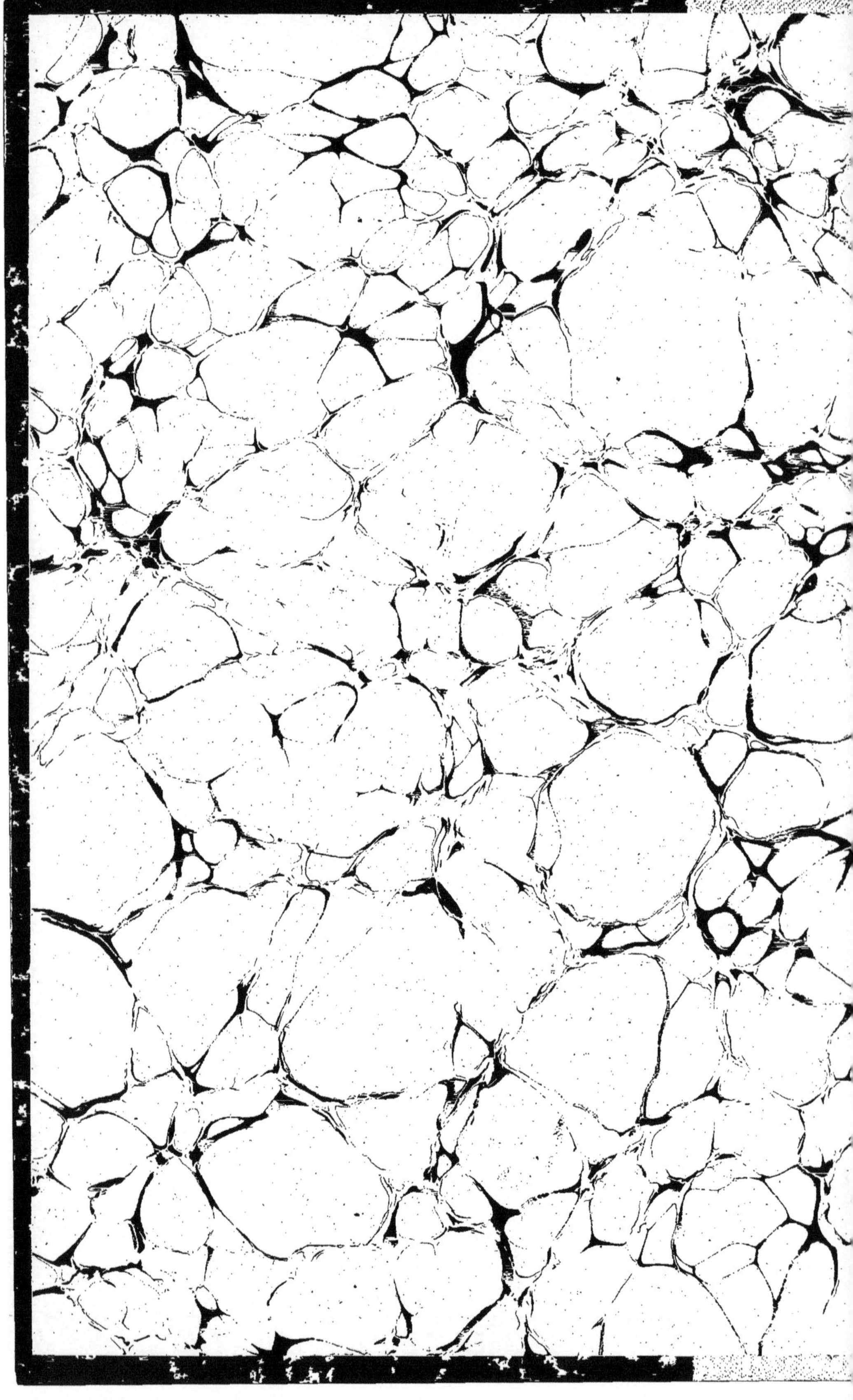

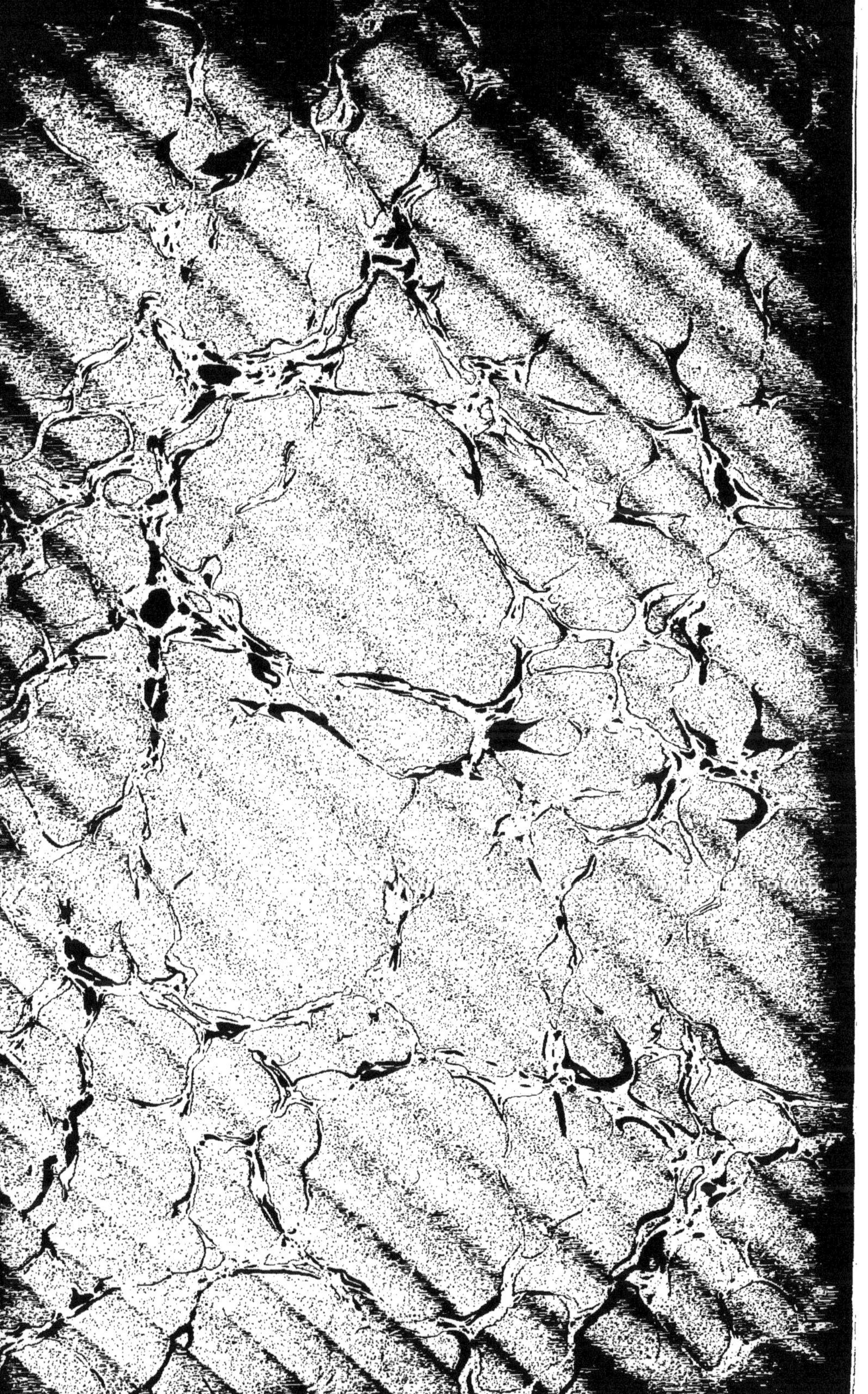

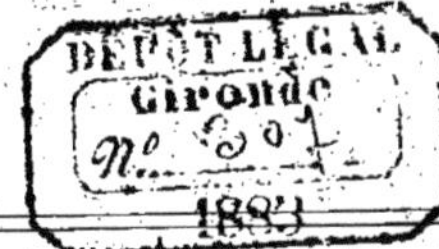

FAUNE

DE LA

SÉNÉGAMBIE

PAR

A.-T. DE ROCHEBRUNE

DOCTEUR EN MÉDECINE

LAURÉAT DE LA FACULTÉ DE MÉDECINE DE PARIS, LAURÉAT DE L'INSTITUT (AC. DES SC.
ANCIEN MÉDECIN COLONIAL A St-LOUIS (SÉNÉGAL), AIDE NATURALISTE AU MUSÉUM DE PARIS
MEMBRE DE LA SOCIÉTÉ LINNÉENNE DE BORDEAUX, ETC., ETC.

MAMMIFÈRES

Avec neuf planches en couleurs retouchées au pinceau

PARIS
OCTAVE DOIN
ÉDITEUR
8, PLACE DE L'ODÉON,
1883

Le 3e fascicule : **LES OISEAUX**, avec 30 planches, paraîtra dans le 1er semestre de 1884.

FAUNE
DE LA
SENÉGAMBIE

Bordeaux. — Imprimerie J. Durand, rue Condillac, 20.

FAUNE

DE LA

SÉNÉGAMBIE

PAR

A.-T. DE ROCHEBRUNE

DOCTEUR EN MÉDECINE

LAURÉAT DE LA FACULTÉ DE MÉDECINE DE PARIS, LAURÉAT DE L'INSTITUT (AC. DES SC.
ANCIEN MÉDECIN COLONIAL A St-LOUIS (SÉNÉGAL), AIDE NATURALISTE AU MUSÉUM DE PARIS
MEMBRE DE LA SOCIÉTÉ LINNÉENNE DE BORDEAUX, ETC., ETC.

MAMMIFÈRES

Avec neuf planches en couleurs retouchées au pinceau

PARIS
OCTAVE DOIN
ÉDITEUR
8, PLACE DE L'ODÉON,
1883

FAUNE DE LA SÉNÉGAMBIE.

MAMMIFÈRES.

CONSIDÉRATIONS GÉNÉRALES.

§ I. — Les Naturalistes qui ont écrit sur la Mammalogie Sénégambienne sont en très petit nombre; aussi, la plupart du temps, pour parvenir à la connaissance des espèces, faut-il péniblement compulser, surtout, les recueils périodiques Anglais, Allemands, voire même Américains, et rechercher avec non moins de peine, les renseignements épars dans de rares publications Françaises.

La Bibliographie Mammalogique de cette partie de l'Afrique se réduit donc à citer, plus particulièrement : les Annales (1) et les Nouvelles archives du Muséum (2); les Transactions de Londres (3) et de Philadelphie (4); le Magazine (5), les Proceedings (6) de Londres; les Monatsbericht de Prusse (7); les Cata-

(1) *Annales du Muséum de Paris.* — Mémoires de E. et I. Geoffroy Saint-Hilaire, Duvernoy, Cuvier, etc. Passim.

(2) *Nouvelles Archives du Muséum de Paris.* — Mémoires de Gratiolet, Alix, Pucheran, Milne Edwards, Huet, de Rochebrune, etc. Passim.

(3) *Transactions of the Zool. Soc. of London.* — Articles de F. Cuvier, Bennet, Harvey, etc. Passim.

(4) *Proced. Acad. of Philadelphie.* — Articles de Allen, etc. Passim.

(5) *Magazine of Nat. Hist. of London.* — Articles de Gray, etc. Passim.

(6) *Proced. of the Zool. Soc. of London.* — Articles de Ogilby, Tomes, Gunther, Blith, Broock, Bennett, Speke, Bartlet, Murie, Gray, Barboza du Bocage, Sclater, etc. Passim.

(7) *Monatsberichte der K. Akademie der Wissenschaften zu Berlin.* — Articles de Peters, etc.

logues du British Muséum, de Gray (1); la Revue et Magasin de Zoologie, de Guerin-Meneville (2), et quelques brochures isolées, dont on trouvera l'indication à la synonymie même des espèces que nous mentionnerons plus loin.

Si la Sénégambie a été peu étudiée, en revanche, la majeure partie des régions limitrophes, ont été le sujet de travaux importants, qu'il est nécessaire de ne pas négliger, car souvent le mélange d'espèces habitant simultanément l'une ou l'autre de ces contrées, impose la connaissance des ouvrages qui les concernent, et sans laquelle on ne pourrait arriver avec certitude à des comparaisons rigoureuses et indispensables.

Les ouvrages de Ruppel (3), E. Geoffroy Saint-Hilaire (4), Temminck (5), A. Schmidt (6), Deckens (7), Heuglin (8), Dobson (9), sont ceux que l'on doit consulter.

Les traités généraux renferment en outre des documents que l'on ne trouve nulle part ailleurs, nous signalerons : les ouvrages de Buffon (10), Audebert (11), Temminck (12), F. Cuvier et Geoffroy Saint-Hilaire (13), P. Gervais (14), H. Smith (15), Wagner (16), H. et A. Milne Edwards (17), Trouessart (18), etc.

---

(1) Gray, *Cat. of Mamm.* in *British Museum*, et *Cat. Monkeys-Lemurs, Fruit-Eating-Bats, Horns, Buffalo, Antelopes, Scales and Whales, etc.* — *List of the vertebrated animals in the Gardens of Zool. Soc. of London.*

(2) *Revue et Magasin de Zoologie.* Articles de Lesson, Pucheran, etc. Passim.

(3) *New Wirbelthiere zu der fauna von Abyssinien Gekorig.* 1835-1840. — *Atlas Nordl. Afrika*, 1826.

(4) *Hist. Nat. Egypte*, 1812.

(5) *Esquisses zoologiques sur la côte de Guinée*, 1853.

(6) *Illustr. zool. South. Afrika*, 1859.

(7) *Reisen in Ost Afrika*, 1869.

(8) *Reisen Nord Ost Afrika*, 1877.

(9) *Monograph. of the Chiroptera and Catal. of the species of Bots in the Indian Museum, Calcutta*, 1876.

(10) *Hist. Nat. Mamm.* (Passim.), édit. Daubenton.

(11) *Hist. Nat. des Singes et des Makis*, an VIII.

(12) *Monogr. Mammalium*, 1826.

(13) *Hist. Nat. Mamm.*, pl. lithogr., 1824.

(14) *Hist. Nat. Mamm.*, 1855.

(15) *Varia in the Natur. Library by Jardines*, 1841-1845.

(16) *Die Singthiere* et *Supp.*, 6 vol., 1775-1843.

(17) *Recherches pour servir à l'hist. des Mammifères*, 1861-1871.

(18) *Revue et Magasin de Zoologie* et *Bulletin Soc. Etud. scient.*, Angers, 1881.

Enfin, parmi les récits de voyages, quelques-uns méritent de fixer l'attention ; tels sont ceux de Labat, malgré ses descriptions trop souvent fantaisistes (1), de Bruce (2), Golbery (3), Durand (4), et parmi les plus récents : ceux de Livingston (5), Raffenel (6), Mage (7), Lefebvre (8), Dupéré (9), où l'on trouve soit des indications d'espèces, soit des détails sur leurs mœurs et leur habitat.

Nous ajouterons que les ouvrages d'Adanson, le premier explorateur scientifique de la Sénégambie, sont le point de départ de toute étude zoologique concernant cette contrée (10).

§ II. — La distribution géographique des Mammifères Africains a été étudiée, à diverses reprises. Dans un long mémoire ayant pour titre : Esquisses sur la Mammalogie du Continent Africain, le Dr Pucheran (11) a cherché, l'un des premiers, à poser les bases de cette distribution, que Schlegel, dans sa Physionomie des Serpents (12), ouvrage où tant d'erreurs fourmillent, comme nous l'avons démontré ailleurs (13), avait tenté d'ébaucher avant lui.

Plus récemment, Andrew Murray, dans son grand ouvrage : *The geographical distribution of Mammals* (14), s'inspire des idées de Pucheran ; avant lui, Schmarda (15), s'occupant de la

---

(1) Le P. J.-B. Labat, *Nouvelle relation de l'Afrique occidentale*, 1728, in-12.

(2) *Voyage aux sources du Nil, en Nubie et en Abyssinie*, pendant les années 1768-1769-1770-1771 et 1772, trad. de l'Anglais, in-8°, 1790.

(3) *Fragments d'un voyage en Afrique*, 1802.

(4) *Voyage au Sénégal*, 1802.

(5) *Missionary travels in South Africa*, 1802.

(6) *Voyage dans l'Afrique occidentale*, 1843-1844.

(7) *Voyage dans le Soudan occidental*, 1868.

(8) *Voyage en Abyssinie*, de 1839 à 1843.

(9) *Bull. Soc. Geogr.*, Paris, 1876-1877.

(10) *Hist. nat., du Sénégal*, in-4° M DCC LVII. — *Cours d'Hist. Nat.*, 1772. — Édit. Payer, 1845.

(11) *Rev. et Mag. de Zoologie*, 2e sér., t. VII, 1855, p. 289 et seq. — T. VIII, 1856, p. 49 et seq.

(12) *Essai sur la Physionomie des Serpents*, vol. I et II.

(13) De Rochebrune, *Journ. d'Anat. et de Phys.*, 1881, p. 185 et seq.

(14) Gr. in-4°, 1866.

(15) *Geographische Verbreitung der Thiere*, 1853.

distribution des animaux de tous les ordres, parle subsidiairement des Mammifères d'Afrique et tous, bien que d'opinions différentes sur certains points de détail, sont unanimes pour déclarer : que le continent Africain ne possède pas de Faune spéciale, et que la majeure partie de ses genres ont des représentants soit en Europe, soit en Asie, et quelquefois simultanément dans ces deux parties de l'ancien monde.

Telle est la première conclusion, posée notamment par Pucheran; puis il ajoute : « Sous un point de vue spécial, l'Afrique peut se diviser en quatre zones :

» 1° La zone Méditerranéenne, étendue depuis le rivage Marocain de l'Atlantique, jusqu'à la frontière Egyptienne de l'Abyssinie;

» 2° La zone septentrionale du centre de l'Afrique, comprenant le Sénégal, la Nubie, et, pour certains types, l'Abyssinie;

» 3° La zone méridionale du centre de l'Afrique, située au Sud du Sénégal, et dont les limites, dans l'état actuel de la science (Pucheran écrivait en 1855), ne peuvent être nettement déterminées;

» 4° Enfin la zone orientale, occupant toute la côte orientale d'Afrique, depuis le Cap de Bonne-Espérance, jusqu'au rivage Abyssinien de la Mer Rouge (1). »

A peu de chose près, les provinces Africaines, également acceptées par Andrew Murray, sont les mêmes.

Il importe d'examiner si, comme l'affirment les auteurs cités, l'Afrique est dépourvue de faune spéciale; si elle peut être partagée en zones définies; si surtout la Sénégambie doit être comprise dans l'une de ces zônes.

A cette dernière question, sont intimement liées les deux autres; nous devons donc chercher à la résoudre la première, en faisant observer que nous écartons de la discussion la zone dite zone Méditerranéenne, adoptée par tous les Zoologistes, comme entièrement distincte de la Faune Africaine proprement dite.

Nous écartons, également, toute comparaison avec les genres ayant, d'après Pucheran, des représentants en Europe. Ces genres, en effet, sont trop peu nombreux, ou trop peu importants,

---

(1) *Loc. cit.*, p. 210 (1855).

pour qu'il faille en tenir compte; l'analogie également cherchée par Andrew Murray, mais basée plus spécialement sur les restes d'animaux éteints (*Elephant, Hippopotame, Rhinocéros,* etc.) ne saurait non plus être invoquée, elle nous entraînerait à des considérations sans utilité ici, et dont la place est, du reste, marquée dans la partie Géologique et Paléontologique de cet ouvrage.

Il est nécessaire, avant tout, de rappeler à grands traits la situation topographique de la Sénégambie.

Depuis le Cap Blanc jusqu'à Sedhiou (Casamence), la côte basse, bordée d'une triple ligue de bancs de sables s'élevant à une faible altitude, quand du rivage on pénètre dans les terres, donne à tout le pays cet aspect triste et aride, propre aux plaines sablonneuses où croissent, avec peine, quelques plantes herbacées et des arbrisseaux rabougris.

La partie orientale, au contraire (Fouta-Djalon), est essentiellement montagneuse; de là, descendent vers l'Ouest et vers le Nord, des ramifications nombreuses, peu élevées, formant les bassins supérieurs des cours d'eau dirigés vers la côte; cette chaîne du Fouta-Djalon, considérée comme un des prolongements du grand plateau de l'Afrique centrale, plateau sur lequel règnent encore bien des hypothèses, comprend des rangées de montagnes secondaires, plus ou moins parallèles, se dégradant insensiblement, au fur et à mesure de leur inclinaison vers l'Ouest et vers le Nord.

A l'Ouest, une dernière chaîne sépare le haut pays des régions basses et marécageuses du littoral; au Nord, une contrée boisée et couverte de vastes steppes, sépare ces montagnes des déserts de sables; là, d'immenses forêts, des plaines à végétation luxuriante, s'étendent dans toutes les directions.

Au Sud, la végétation tropicale s'accentue, et dans les parties arrosées par la Casamence, la Gambie et les cours d'eau tributaires, si des espaces arides se montrent encore, si des collines élevées surgissent de loin en loin, tout rappelle néanmoins l'aspect des contrées qui, de là, se continuent vers les côtes de Sierra-Leone, de Guinée, des Ashanties, du Gabon, etc., etc.

La Sénégambie peut donc être topographiquement partagée en plusieurs régions : la région Désertique, la région Littorale, la région Montagneuse et la région des Steppes et des Vallées.

Sur cette large étendue, vivent les Mammifères dont nous avons à rechercher le mode de distribution : d'abord, à un point de vue général, puis ensuite dans leurs rapports et leurs différences avec ceux des contrées voisines.

Prise dans son ensemble, la faune Mammalogique Sénégambienne se caractérise par le grand développement des espèces de la famille des Singes : « *This is,* PAR EXCELLENCE, dit Andrew Murray, *the district of Monkeys, especially of the Circopitheci* (1). »

Étendus plus particulièrement au Nord et au Sud, ces animaux sont ordinairement cantonnés dans les forêts du haut fleuve, comme dans celles désignées sous le nom du bas de la côte; là aussi apparaissent les formes Anthropoïdes, dont l'aire d'extension s'écarte considérablement des limites qu'on avait cru pouvoir fixer jusqu'ici.

Les Lémuriens, représentés par plusieurs espèces du groupe des *Galago,* par les *Perodicticus,* propres aux portions boisées du Nord et aux forêts de Gommiers, sur la limite extrême du désert, descendent le long de la côte, pour réapparaître dans les plaines arrosées par la Casamence et la Gambie.

Sans pouvoir qualifier les Chiroptères de cosmopolites, leurs moyens de transport facilitent leurs migrations; aussi voit-on les espèces frugivores se montrer à des époques fixes, sur tel ou tel point de la contrée, suivant, pour ainsi dire par étapes, les centres où dominent les espèces végétales fructifères; les grands bois du Nord et du Sud sont naturellement les plus visités; les espèces insectivores, tout en n'effectuant pas, comme les premières, des voyages réguliers, pénètrent plus loin et fréquentent les plaines et les bords des marigots, où pullulent les petits animaux, leur nourriture exclusive.

La distribution des types appartenant aux Insectivores et aux Rongeurs, suit une ligne à peu près semblable. Peu cependant se plaisent au voisinage des contrées boisées ou herbeuses; la plupart, recherchent les sables arides; beaucoup sont fouisseurs; il leur faut un sol facile à entamer, et si quelques-uns chassent pendant la nuit, sur des arbustes, pendant le jour ils habitent des terriers, et par conséquent se plaisent ou à la

(1) *Loc. cit.*, p. 309.

lisière des bois, ou dans les steppes, dont le sable mobile ne produit que de rares arbrisseaux, parfois seulement des arbres isolés.

Les grands Félidés ne font pas défaut à la Sénégambie, et leur répartition s'étend dans toutes les directions; on les rencontre partout où dominent les formes si variées des Ruminants Cavicornes, c'est-à-dire dans les plaines entourées de profondes forêts; les plus petites espèces du même ordre, ou bien se tiennent dans les régions boisées, ou plus rarement, ne quittent pas la bande sablonneuse du littoral.

Tout au contraire, les représentants de la famille des Canidés parcourent isolés, mais plus souvent en troupes, les steppes et les parages sablonneux qui, de la côte, montent vers l'intérieur; on peut ranger dans la même catégorie toute la série des petits Carnassiers, dont peu de genres délaissent ces régions, pour habiter le bord des eaux et les lieux herbeux et boisés qui les avoisinent.

Pour les grands Pachydermes auxquels la proximité des cours d'eau et l'abondance de la nourriture est essentielle, les forêts du haut fleuve et du bas de la côte, s'imposent naturellement; jadis répandus indistinctement dans tous les lieux où ils trouvaient ces moyens d'existence, ils tendent aujourd'hui à disparaître, devant l'invasion incessante de l'homme blanc, rétrécissant de plus en plus leur aire d'extension, si vaste encore du temps même d'Adanson.

L'Afrique est la partie presque exclusive du groupe nombreux des Antilopes; tous les genres qui le composent, à peu d'exceptions près, s'observent en Sénégambie; très peu, du reste, se localisent, et soit dans les steppes, soit dans les vallées et les contrées montagneuses, beaucoup, sinon tous, se trouvent indifféremment mélangés.

Les Édentés en fort petit nombre, appartiennent au Nord comme au Sud et à l'Ouest.

Nous ne pouvons donner que des indications incomplètes sur les Cétacés qui sillonnent les côtes de la Sénégambie; beaucoup d'espèces sont voyageuses; la plupart, rares du reste, séjournent peu de temps dans ces parages, et ne seraient pas improprement qualifiées d'erratiques; il faut en excepter, cependant, quelques types du groupe des Dauphins, et surtout le *Physeter macroce-*

phalus, qui, s'il ne se maintient pas constamment au large, apparaît du moins à des époques fixes, et fait par conséquent partie de la faune marine de cette région.

Comme on le voit, la faune Sénégambienne, de même que celle de l'Afrique, prise dans son ensemble, se caractérise par la grande extension des Mammifères dont elle se compose.

L'étude plus détaillée des genres et des espèces démontre le mélange, en Sénégambie, d'animaux des autres contrées Africaines.

L'immense plaine du Sahara, limitée à l'Ouest par le littoral de l'Atlantique, confinant vers le Nord-Est aux chaînes de l'Atlas, également dans la direction Nord-Est, aux déserts du Fezzan Tripolitain et Tunisien, à l'Est, aux déserts de Nubie et d'Abyssinie, et contournant au Sud toute la région Soudanienne, borne le Nord et la partie Est de la Sénégambie, et par cette configuration même, indique, *a priori,* la présence sur le sol de cette contrée, d'espèces Sahariennes, Nubiennes et Abyssiniennes.

Aux premières, en effet, correspondent, parmi les rongeurs : les *Gerbillus pigargus* et *Ægyptius,* les *Lepus Ægyptius* et *isabellinus,* espèces d'un genre dont Pucheran niait la présence en Sénégambie (1); les *Hyæna striata, Vulpes Niloticus* et plusieurs *Antilopes,* peuvent être joints à ces espèces.

La ressemblance entre les faunes Nubio-Abyssinienne et Sénégambienne est généralement acceptée par les Zoologistes; au nombre des espèces communes, dominent les Canidés et les Antilopes, telles que les *Tragelaphus decula, Gazella dama, Addax naso maculatus, Oryx leucoryx;* la *Girafe*, le *Phacochærus Æliani*, etc., s'y associent; mais la similitude s'accentue davantage encore par l'existence de types remarquables, parmi lesquels tranchent le *Guereza Ruppellii,* déjà indiqué par Fraser comme habitant sur les bords du Niger, et les *Fennecus dorsalis, Simenia Simensis* et *Lycaon venaticus,* ce dernier surtout, regardé, jusqu'ici, croyons-nous, comme éminemment Abyssinien (2).

Comme le professent plusieurs savants Mammalogistes, la région Nubio-Abyssinienne, possède des genres et des espèces du

---

(1) *Loc. cit.*, p. 548 (1855).

(2) Le *Lycaon venaticus* est signalé comme existant aussi au Cap de Bonne-Espérance.

Cap; il devient évident qu'un certain nombre, tout au moins, de ces genres ou de ces espèces, doit exister aussi en Sénégambie, dont les relations avec la Nubie et l'Abyssinie sont irréfutables; c'est ce qui a lieu en effet; nous citerons entre autres : les *Nycteris Thebaïcus, Graphiurus Capensis, Felis serval, Phacochærus Africanus, Aigocerus equinus, Nanotragus pigmæus,* déjà indiqués par J. Smutz (1).

Lorsque, quittant la région Nord et Est de la Sénégambie, on se dirige vers le Sud, il n'est pas possible de tracer, comme le suppose Pucheran, une ligne de démarcation entre son point extrême, la Gambie, par exemple, et les pays qui lui font suite.

Nous n'ignorons, en aucune façon, combien sont remarquables les types rapportés chaque jour par les explorateurs, et provenant de Sierra-Leone, des Ashantées, de la Côte de Guinée, du Gabon, etc. Il est incontestable que beaucoup de ces types qualifiés par quelques-uns d'anormaux, y dominent; malgré cela, nous voyons un nombre si grand de ces types anormaux, remonter en Sénégambie, qu'il serait au moins prématuré d'adopter ce que Pucheran, et avec lui Andrew Murray, nomment : zone australe du centre Africain.

De la Gambie au Cap, s'étend une large bande de pays à végétation tropicale. Des chaînes de montagnes, courant parallèlement au littoral, s'élèvent dans toute sa longueur; partout la constitution géologique est la même; partout les conditions d'existence sont identiques; aussi peut-on affirmer qu'elle renferme une faune dont la Sénégambie possède divers représentants.

On a déjà vu ceux qui lui sont communs avec la faune du Cap; comme le Damara, elle possède : l'*Erinaceus frontalis*, le *Graphiurus Capensis*, l'*Aigocerus equinus*, etc. (2).

La côte d'Angole lui envoie : les *Epomophorus Gambianus, Crocidura æquatorialis, Felis neglecta, Dendrohyrax arboreus, Manis tricuspis* (3).

Aux monts Cameroon, elle emprunte : l'*Anomalurus Becroftii* (4).

(1) *Dissert. Zool. Enum. Mamm. Capensium*, 1832.

(2) Tornes, *P. Z. S.*, 1861.

(3) Monteiro, *P. Z. S.*, 1860. — Barbòza du Bocage, *id.*, 1865.

(4) Burton, *P. Z. S.*, 1862.

Au Gabon : les *Troglodites niger, Myopithecus talapoin, Perodicticus potto, Eleutherura unicolor, Epomops Franqueti, Tragelaphus gratus,* etc., etc.

A Liberia : le rarissime *Chæropsis Liberiensis.*

A Fernando-Po : les *Cercopithecus Campbellii, Anomalurus Fraseri.*

A la côte de Guinée : les *Colobus bicolor* et *ferrugineus,* les *Sciurus annulatus, Potamochærus penicillatus.*

Enfin, à Sierra-Leone : les *Cynocephalus sphinx,* plusieurs *Colobus,* presque tous les *Cephalophus,* etc., etc.

Il serait facile d'augmenter considérablement ces listes; nous renvoyons, pour plus de détails, à la partie descriptive des espèces; mais nous insistons sur certaines d'entre elles, plus propres que bien d'autres, souvent citées, à montrer la puissance de dispersion particulière aux Mammifères Africains, comme par exemple : les *Hyemoschus aquaticus* et *Oreas Derbianus,* de Sierra-Leone et de Gambie, vivant également dans le haut fleuve, sur les rives du Bakoy et du Bafing; comme aussi le *Tragelaphus gratus,* découvert au Gabon, et habitant les plaines arides du Cayor; le *Manis Tricuspis* de la côte d'Angole; le *Manis longicauda* de Sierra-Leone, retrouvés dans le Oualo et le pays des Serères, où ils étaient communs du temps d'Adanson.

Cette rapide esquisse sur la distribution géographique des Mammifères Sénégambiens, suffit à démontrer la non-existence d'une zone septentrionale, dont la Sénégambie ferait partie intégrante; de plus, elle démontre la non-existence de zones méridionales et orientales; mais conduit-elle à la négation absolue d'une faune propre au continent tout entier, comme le veulent Pucheran, Andrew Murray et autres?

Nous ne le pensons pas.

Ces auteurs s'appuient sur le nombre restreint des genres, comparés à ceux que possèdent l'Asie, l'Europe et l'Amérique. Nous ne comprenons pas un raisonnement formulé sur des données de cette nature, car, quel que soit le nombre des genres existant sur une étendue quelconque, quelles que soient les espèces, les formes, si l'on veut, appartenant à ces genres, du moment où elles possèdent des caractères qui leur sont propres, du moment qu'elles ne se rencontrent nulle part ailleurs, elles impriment à cette étendue un facies particulier, et, par cela même, établissent une faune que l'on est forcé d'accepter comme spéciale.

« Il est nécessaire, dit Pucheran, quand on base l'établissement d'une faune spéciale sur les genres qu'elle renferme, il est nécessaire de faire attention principalement à la spécialité d'organisation que ces genres peuvent offrir, car ce sont les genres doués de tels caractères qui donnent aux productions d'un pays leur physionomie spéciale (1). »

C'est précisément là ce que l'on observe en Afrique, et c'est précisément dans les *trente-sept genres* dont Pucheran donne la liste (2), que nous trouvons la caractéristique invoquée (et qu'il leur refuse), sur laquelle nous nous fondons, pour attribuer au continent tout entier une faune spéciale.

C'est également sur ces *trente-sept genres* (on pourrait facilement en augmenter le nombre), que nous nous fondons, pour réfuter certaines propositions, certaines lois même, formulées par Pucheran.

Pour lui, « les Mammifères à grandes oreilles et fuyant par cela même l'éclat du jour et l'éclat des rayons solaires, sont plus fréquents en Afrique que partout ailleurs (3). »

Si on excepte les *Fennecus*, aucun genre, aucune espèce ne se singularise, en Afrique, par le développement exagéré des organes externes de l'audition, d'une façon plus remarquable que dans les autres parties du monde; les Carnassiers n'en fournissent aucun exemple; il en est de même des Antilopes, dont les conques auditives ne surpassent aucunement celles des Antilopes Asiatiques et des Cervidés Européens et Américains.

C'est à peine si, dans l'ordre des Chiroptères, on peut noter trois ou quatre exemples de types, dont les oreilles atteignent les dimensions de certaines formes Européennes.

Les Lièvres cités par Pucheran (4) ne sont pas seulement Africains; dans tous les cas, ils ne passent pas pour nocturnes; les *Perodicticus*, classés dans la même catégorie, nous sont connus par des conques auditives de faibles dimensions.

---

(1) *Loc. cit.*, p. 407 (1855).
(2) *Loc. cit.*, p. 403 (1855).
(3) *Loc. cit.*, p. 454 (1855).
(4) *Loc. cit.*, p. 454 (1855).

Parmi les Loirs, les *Graphiurus Coupei, Hueti* et *Capensis* ont des oreilles courtes, et si celles des *Otomys* sont relativement allongées, celles des *Aulacodus* et des *Hystrix*, etc., ne brillent pas par leur ampleur.

A cette première caractéristique inacceptable, Pucheran en ajoute une seconde : « La pénuerie des Mammifères aquatiques (palmipèdes) en Afrique, dit-il, est extrême, et *cette rareté est un indice de l'absence des grands cours d'eau* (1). »

Sans relever cette dernière phrase, involontairement échappée sans doute à la plume de Pucheran, la pénurie des Mammifères palmipèdes ne nous paraît pas aussi grande qu'il l'affirme, car lorsque, d'après ses listes, l'Inde, l'Amérique du Sud et la Nouvelle-Hollande réunies, comptent seulement *sept genres* absolument palmipèdes, il n'y a rien d'étonnant et rien de caractéristique d'en rencontrer seulement *deux* en Afrique.

L'Europe en possède à peine davantage; personne pourtant n'a songé à invoquer cette absence, comme un des caractères de la faune Européenne.

Nous n'insisterons pas sur certains genres, réputés à juste titre aquatiques, tels que l'*Hippopotame,* le *Chæropsis,* le *Potamogale,* spéciaux au continent Africain ; tous apportent une preuve négative à l'affirmation précédemment émise.

Dans une troisième et dernière proposition, Pucheran proclame « comme classique en zoologie, la teinte isabelle du pelage des Mammifères Africains » (2), puis il ajoute : « d'une zone à l'autre, d'une région à celle qui la suit ou à celle qui la précède, les types varient par la couleur, et ces variations sont en rapport avec les degrés différents de température des localités habitées (3). »

Ces deux affirmations se contredisent l'une l'autre; en outre, prises isolément, elles sont inexactes.

La teinte isabelle pourrait, à la rigueur, être regardée comme dominante chez les types de la région Méditerranéenne; mais cette région ayant été écartée, ses espèces ne peuvent être mises en cause; quelques-unes, véritablement Africaines, ont une

(1) *Loc. cit.*, p. 454 (1855).
(2) *Loc. cit.*, p. 410 (1855).
(3) *Loc. cit.*, p. 554 (1855).

livrée semblable; mais leur nombre est trop restreint, pour qu'elles soient prises comme l'expression d'un fait général.

En réalité, tous les tons dérivés du marron foncé au brun pâle, se trouvent répartis sur le pelage des Mammifères Africains; la teinte intermédiaire entre ces deux couleurs extrêmes peut donc être prise comme moyenne.

L'influence du climat sur la coloration ne nous paraît pas s'exercer plus qu'ailleurs sur les Mammifères Africains, et quoi qu'en ait dit Pucheran, la température Sénégalienne ne fonce pas les teintes (1).

Les animaux à pelages noirs et roux, sont aussi communs en Nubie, en Abyssinie, au Cap, etc., qu'en Sénégambie; ceux à pelage où le blanc domine, s'observent dans les mêmes régions.

« Les espèces à teintes les plus blanchâtres, dit Pucheran, habitent la Nubie et l'Abyssinie : tel est le *Guereza Ruppelii.* »

Nous avons cependant signalé cette espèce en Sénégambie, et, avant nous, Fraser l'a vue sur les bords du Niger; les *Oryx leucoryx*, *Addax naso maculatus,* Abyssiniens et Sénégambiens à la fois, ont des teintes blanches; si les *Zorilla striata, Mellivora Capensis* et *leuconata, Ichneumia albicauda* et tant d'autres, portent sur leur pelage des couleurs sombres, en revanche le blanc et le *blanc pur,* est largement mélangé aux *couleurs dites Sénégambiennes.*

Les exemples choisis par Pucheran « parmi les Carnassiers les mieux connus » ne sont pas heureux; le pelage du Lion du Sénégal, en effet, est bien plus pâle que celui du Lion de Barbarie, ce qui devrait être le contraire, d'après sa théorie; le *Canis anthus,* de Cuvier, à teinte mélanienne, est Sénégambien et Abyssinien; le *Canis aureus,* du Cap, n'est pas plus foncé au Sénégal; le *Lycaon venaticus* ne diffère en aucune façon, du Sénégal à l'Abyssinie; le *Hyena striata* est dans le même cas, etc., etc.

Rien ne serait plus facile que d'accumuler des preuves semblables; toutes, indistinctement, détruisent la caractéristique présentée par Pucheran.

Si maintenant on vient à rechercher les relations existant

---

(1) *Loc. cit.*, p. 547 (1855).

entre la faune Africaine et celle des autres continents, on observe que l'Asie et une grande partie de l'Archipel Indien, sont les seules contrées où ces relations soient manifestes.

Ce fait, érigé en principe par Isidore Geoffroy Saint-Hilaire (1), est vrai d'une manière absolue, car non seulement il s'applique aux Mammifères, mais à tous les vertébrés, comme nous aurons maintes fois occasion de le démontrer dans le cours de cet ouvrage.

En se rapportant aux listes publiées par Andrew Murray (2), on trouve *quarante-sept genres* communs à l'Afrique et à l'Asie; ces genres sont représentés par *trente-huit espèces,* également communes à l'une et à l'autre.

Nulle autre partie du monde ne partage cette communauté avec l'Afrique; l'Europe ne peut être mise en parallèle, et, le fût-elle, c'est à peine si l'on y observe *sept genres* également Africains.

L'Amérique enfin, dont la faune, suivant quelques Zoologistes, présente de véritables relations avec l'Afrique, compte seulement *douze genres* Africains, genres dont *aucune espèce semblable* n'habite simultanément les deux continents.

§ III. — Résumant l'ensemble de ces faits, nous pouvons en conclure : qu'au point de vue Mammalogique, le continent Africain se caractérise :

1° Par la grande dispersion des genres et des espèces, dont la plupart se trouvent indifféremment distribués sur tous les points;

2° Par la présence d'une faune spéciale, composée de genres et d'espèces n'ayant encore été rencontrés nulle part ailleurs;

3° Par l'absence absolue de zones zoologiques, pouvant être définies d'une façon quelconque;

---

(1) *Voy. de Bellanger aux Indes-Orientales.*

(2) *Loc. cit.*, p. 320 à 407. — Ces listes, publiées en 1866, quoique relativement incomplètes aujourd'hui, sont largement suffisantes, pour démontrer l'analogie des faunes Africaine et Asiatique, fait du reste accepté par la majorité des Zoologistes.

4° Par sa très grande analogie avec la faune Asiatique et celle de l'Archipel Indien;

5° Enfin, par l'absence de toute relation avec le continent Américain.

Ces conclusions s'appliquent dans toute leur teneur à la Sénégambie, que, jusqu'ici, rien n'autorise à ériger en zone ou portion de zone, distinctement tranchée.

DESCRIPTION ET ÉNUMÉRATION DES ESPÈCES. [1]

MICRALLANTOÏDEI H. M. Edw.

SIMII Alpin.

Fam. ANTHROPOMORPHÆ L.

Gen. TROGLODYTES E. Geoff.

1. TROGLODYTES NIGER E. Geoff.

Troglodytes niger E. Geoff. Ann. Mus., t. XIX, p. 87.
Simia troglodytes L. Gmel. Syst. Nat., XIII, p. 26.
Jocko Buffon, H. N., t. XIV, p. 1.
Pongo Buffon, H. N., Supp., t. VIII, p. 3.
Chimpanzé Cuv. Reg. An., t. I, p. 104.
Troglodytes leucoprymnus Lesson, Ill. Zooll., pl. XXXII, 1831.
— *vellerosus* Gray, P. Z. S. of Lond., 1862, p. 181.
— *Aubryi* Gratiolet, Nouv. Arch. Mus., t. II, 1866, p. 2.

---

(1) Parmi les diverses classifications proposées, nous avons choisi de préférence celle de M. H. Milne Edwards, établie sur les caractères tirés de l'Embryogénie. Pour les genres et les espèces, nous avons suivi plus particulièrement l'ordre établi par Gray dans les *Catalogues du British Museum* les plus récents.

Malgré le nombre restreint d'espèces spécifiquement désignées par les indigènes, nous avons pu cependant réunir la plupart des noms ordinairement en usage, soit parmi les chasseurs, soit parmi les habitants des régions où les animaux se rencontrent, et nous avons écrit ces noms d'après le mode de prononciation des différents districts. Cette indication, que nous noterons au

Troglodytes Schweinfurthii Giglioli, Ann. Mus. Civ. Hist. Nat. Gen., vol. III, 1872, p. 56.
— *Tschego* Duvernoy, Arch. Mus., t. VIII, p. 1.
— *calvus* Duchaillu, Boston. Jour. Nat. Hist., p. 296, 1860.
— *Koulo-Komba* Duchaillu, *loc. cit.*, p. 358.

N'Tyigojh. — Très rare en Sénégambie; — remonte la rivière Gambie et la Casamence, d'où il est quelquefois rapporté; nous avons vu à Saint-Louis, chez un commerçant Français, marchand d'animaux du Sénégal, un jeune sujet provenant de cette région.

Le *Troglodytes niger,* localisé, au dire des voyageurs, au Gabon, à la côte d'Or, à la côte de Loango, chez les Ashanties et les Gombi, etc., aurait aussi des représentants dans l'Afrique centrale.

D'après le Professeur Issel (1), l'existence d'un singe Anthropomorphe, dans cette partie de l'Afrique, est prouvée. « Ce singe, dit-il, est un *Troglodyte,* probablement différent du *Troglodytes niger* des auteurs, connu sur la côte occidentale, plus spécialement au pays des Ashanties et dans la région nord du Sénégal; mais les échantillons trop peu nombreux que l'on en possède, ne permettent pas d'établir s'il doit être distingué spécifiquement. »

De son côté, Schweinfurth (2) écrit que l'on rencontre fréquemment un Chimpanzé dans le pays habité par les Niam-Niam, vers 5°,45' de latitude Nord, et plus particulièrement dans les environs du village de Sandé, près la petite rivière de Diam-

---

commencement de chacune des parties de cet ouvrage, sera suivie, selon les besoins, de certains éclaircissements.

C'est à la gracieuse bienveillance de M. le Professeur A. Milne Edwards, que nous devons d'avoir pu compléter l'étude des Mammifères Sénégambiens ; nous sommes heureux de lui témoigner publiquement notre respectueuse gratitude. Nous remercions également notre collègue M. Huet, aide-naturaliste, pour sa complaisance, à laquelle nous avons eu plusieurs fois recours, ainsi que MM. Quantin, chef des travaux taxidermiques, et Terrier, préparateur, dont l'obligeance nous a été souvent utile. C'est à ce dernier que nous devons les belles planches accompagnant cette partie de notre faune.

(1) *Ann. Scient. et Industr. Zool.*, p. 272, Milan, 1866.

(2) *In litt.* Giglioli, *loc. cit.*, p. 64.

Vonu, où il a pu en recueillir quinze crânes, et il ajoute que le *Gorille* manque complètement dans toute la région qu'il a parcourue, et que les quinze crânes déposés au Musée de Berlin sont considérés, quoique avec doute, par Hartmann, comme distincts du *Troglodytes niger* type.

Le Troglodyte de l'Afrique centrale, a reçu de Giglioli (1) le nom de *Troglodytes Schweinfurthii.*

Les Naturalistes qui se sont occupés de l'étude du genre Troglodyte, se basant généralement sur les localités diverses habitées par cet animal, surtout aussi sur des caractères plus ou moins accusés, fournis par des individus souvent d'âge et de sexe différents, soumis à leurs études, en ont décrit plusieurs espèces.

Existe-t-il donc en Afrique, des types susceptibles d'être spécifiquement séparés du *Troglodytes niger ?*

Sans avoir la prétention de résoudre une question aussi grave, à l'aide des matériaux restreints dont nous disposons, il n'est pas indifférent de relater, au moins brièvement, l'opinion des auteurs à ce sujet, et d'examiner sur quels fondements leurs distinctions sont établies.

Après avoir donné les caractères extérieurs du *Troglodytes niger* type et de quelques espèces (?) démembrées, nous comparerons les crânes de ces mêmes espèces et nous pourrons en tirer certaines déductions.

Chez le *Troglodytes niger,* la face modérément prognathe, aux arcades sourcilières très proéminentes, arquées, et délimitant brusquement le front fuyant en arrière, est complètement nue et d'une teinte bistrée ou d'un brun rougeâtre, plus ou moins clair par places; de rares poils durs, blanchâtres ou gris, sont épars sur la lèvre supérieure et en dessous de la mâchoire inférieure; les oreilles également nues, de même couleur que la face, sont bien conformées, larges, arrondies et fortement écartées.

Le corps est couvert de poils noirs, disposés différemment, suivant les régions. Ils atteignent leur plus grande longueur sur la tête, le cou et les deux côtés de la face, où ils tombent perpendiculairement. Un peu plus courts et très touffus sur les épaules, le dos, la partie externe des membres, ils s'allongent au pli du coude et à la face antérieure des cuisses; ceux de l'a-

(1) *Loc. cit.*, p. 142.

vant-bras, se dirigent en haut, tandis que ceux du bras s'inclinent en sens contraire et viennent se joindre, par leur pointe, en une sorte de pinceau. Des poils plus courts et très peu fournis sont épars sur le dessous du cou, les côtés de la poitrine, la face interne des membres, l'abdomen, le dessus des mains et des pieds, et laissent voir la peau, de même couleur que la face, seulement un peu plus foncée; enfin, de rares poils blancs se localisent autour de l'anus et sur le scrotum.

Il est à remarquer que, chez les jeunes sujets, les poils, relativement beaucoup plus longs que chez l'adulte, ont une couleur brune, d'autant plus pâle que les individus sont plus jeunes; en outre, les parties peu couvertes de poils dans l'adulte, sont ici presque entièrement nues.

Le *Troglodytes niger* ainsi défini, nous citerons seulement pour mémoire : 1° le *Troglodytes leucoprymnus* de Lesson, espèce établie sur un caractère inacceptable, la présence de poils blancs à la marge de l'anus; 2° le *Troglodytes vellerosus,* des monts Cameroon, différencié par Gray, à cause de la longueur des poils : « *being covered with much more abondant and softer fur* », Troglodyte que Giglioli semble considérer comme identique à son *T. Schweinfurthii;* 3° les *Troglodytes calvus* et *Koulo-Komba* de Duchaillu, espèces non moins fantaisistes que les récits du voyageur à travers l'Afrique équatoriale; et nous nous arrêterons un instant sur le *Troglodytes Tschego* de Duvernoy, dont deux très beaux spécimens adultes, existent dans les galeries du Muséum.

Ces deux individus diffèrent du *Troglodytes niger :* par un peu moins de prognathisme de la face et sa couleur brune plus foncée; leur taille est aussi plus forte; de longs poils noirs, parmi lesquels tranchent quelques poils blancs, garnissent les côtés de la face, le dessus de la tête, du cou, du dos et des bras, tandis qu'ils sont grisâtres et faiblement roussâtres sur toute la région des reins, des cuisses et des jambes; à part cette différence tranchée de teintes, leur disposition est en tout semblable à celle de l'espèce type.

Au dire du Dr Alix, collaborateur de Gratiolet (*loc. cit.*), le *Troglodytes Aubryi* « était couvert d'un poil noir à reflets roux »; notons que l'individu paraît relativement jeune, car le crâne est figuré (*loc. cit.,* pl. II) avec toutes les sutures largement ouvertes.

Enfin, d'après Giglioli, le *Troglodytes Schweinfurthii,* aurait la face noirâtre et le corps couvert de poils généralement noirs, à reflets bruns ou roussâtres : « *Il colore dei peli e generalmente nero con riflessi brunei e rossicci* » (*loc. cit.*, p. 167).

En résumé, si l'on veut tenir compte de la taille et de la couleur du pelage, jusqu'ici deux types sont seuls admissibles : le *Troglodytes niger* et le *Troglodytes Tschego,* ou *Schweinfurthii.*

L'étude des crânes peut-elle conduire à d'autres conséquences? Le tableau suivant, des principales mesures (1), va nous fournir quelques indications.

DÉSIGNATION DES MESURES		T. NIGER ♂ (GIGLIOLI) 1	T NIGER ♀ (GIGLIOLI) 2	T SCHWEINFURT. ♂ (GIGLIOLI) 3	T. SCHWEINFURT. ♀ (GIGLIOLI) 4	T. NIGER ♂ (OWEN) 5	T. NIGER ♀ (OWEN) 6
DIAMÈTRES	Antero-postérieur max.	112	112	125	118	142	139
	Bizygomatique	82	74	80	76	130	128
	Biorbitaire externe....	74	65	75	59	113	104
ORBITE.....	Largeur..............	32	26	30	29	41	44
	Hauteur..............	30	30	30	32	35	35
NEZ.......	Longueur totale.......	»	»	»	»	»	»
	Longueur maxima.....	21	16	20	18	26	27
VOUTE PALATINE	Longueur.............	49	43	49	43	78	82
	Largeur maxima.	29	28	30	30	»	»
	Largeur minima.......	27	28	27	25	»	»

DÉSIGNATION DES MESURES		T. NIGER ♀ (DUVERNOY) 7	T. TSCHEGO sexe? (DUVERNOY) 8	T. AUBRYI sexe? (ALIX) 9	T. NIGER ♀ (BLAINVILLE) 10	T. NIGER ♂ (G. MUSÉUM) 11	T. TSCHEGO ♂ (G. MUSÉUM) 12
DIAMÈTRES	Antero-postérieur max.	»	»	133	125	112	141
	Bizygomatique........	113	132	»	111	116	125
	Biorbitaire externe	104	117	»	104	94	107
ORBITE.....	Largeur.	»	»	»	34	40	34
	Hauteur..............	»	»	31	32	37	32
NEZ.......	Longueur totale.......	»	»	»	47	56	56
	Largeur maxima.......	25	29	»	25	28	32
VOUTE PALATINE	Longueur.............	»	»	»	72	69	62
	Largeur maxima.......	44	47	»	40	41	39
	Largeur minima.......	38	41	»	42	36	37

(1) Pour ne pas surcharger nos tableaux, nous avons négligé un grand nombre de mesures, qui toutes, du reste, concordent avec celles que nous

Les mesures portées à ce tableau montrent un écart considérable entre les diverses têtes observées, et il semble au premier abord que cet écart résulte du mélange d'individus d'âge et de sexe différents; il n'en est rien cependant, car si l'on prend, parmi les douze sujets, les mâles adultes seuls, on trouve que l'écart est le même.

Ainsi, dans les *Troglodytes niger*, ou du moins ceux cités comme tels, l'écart entre les mesures maxima et minima est, pour les diamètres :

Antero-postérieur maximum................	de	0,030	millimètres.
Bizygomatique...........................	de	0,058	—
Biorbitaire externe......................	de	0,039	—
Largeur de la voûte palatine..............	de	0,029	—

Les *Troglodytes Tschego, Schweinfurthii*, etc., donnent des chiffres presque identiques :

Antero-postérieur maximum................	de	0,026	millimètres.
Bizygomatique...........................	de	0,045	—
Biorbitaire externe......................	de	0,032	—
Largeur de la voûte palatine..............	de	0,009	—

Des écarts encore plus grands ressortent de la comparaison des capacités crâniennes; pour le *Troglodytes niger* seul, sur cinq sujets, tous mâles et adultes, on trouve un écart de 108 centimètres cubes, entre les capacités maxima et minima, d'après le calcul fait sur les cubages même des auteurs :

Troglodytes niger	(Giglioli (1)......................	304	c. cub.
— —	(Bischoff (2).....................	310	—
— —	(Owen (3)........................	412	—
— —	(Owen)...........................	400	—
— —	(Wyman (4).......................	368	—

---

donnons, celles-ci étant suffisantes pour représenter la forme et la disposition du crâne et de la face.

Il n'est pas inutile de mentionner sur le crâne n° 11 un os épactal de 0,017 de haut sur 0,014 de large.

(1) *Loc. cit.*, p. 112.

(2) Giglioli, *loc. cit.*, p. 112.

(3) *Trans. Zool. Soc., London*, IV, p. 85-86.

(4) *Trans. Zool. Soc., London, loc. cit.*, et in Duchaillu, *Expl. in Equat. Africa London*, 1861, p. 373.

Pour les autres espèces (?), la différence est moins forte; elle s'élève cependant à 82 centimètres cubes :

Troglodytes Schweinfurthii (Giglioli)	....	402 c. cub.
— *Tschego* (Bischoff)	....	395 —
— *Aubryi* (Bischoff)	....	370 —
— *calvus* (Wyman)	....	320 —
— — —	....	336 —
— *Koulo-Komba* (Wyman)	....	400 —

Ces différences, selon nous, sont suffisantes pour caractériser deux types définis. Il existe évidemment chez les *Troglodytes* des variations purement individuelles; ces variations, on le sait, sont toujours d'autant plus accusées, que les êtres chez lesquels on les constate, sont plus haut placés dans l'échelle zoologique. L'Homme lui-même en fournit des exemples nombreux, et tous les Anthropologistes les observent chaque jour sur les crânes de races parfaitement authentiques; nos races Sénégambiennes, notamment, l'ont surabondamment démontré. Les Singes Anthropomorphes partagent, avec l'Homme, cette faculté, que nous serions disposé à considérer comme un indice de supériorité; mais chez eux, comme chez lui aussi, des caractères fixes subsistent malgré ces variations, et sont facilement appréciables.

En comparant les chiffres de nos tableaux, on peut donc reconnaître deux types, dont le caractère dominant s'accuse par une constance dans les proportions correspondantes, plus grandes chez l'un que chez l'autre; par des différences notables entre les dimensions du diamètre antero-postérieur et la capacité crânienne; par un prognathisme moins fort dans l'un, un facies plus Anthropomorphe, si l'on peut s'exprimer ainsi.

A l'un de ces types, correspondrait le *Troglodytes niger* des auteurs, de la côte occidentale d'Afrique; à l'autre, le *Troglodytes Tschego* de Duvernoy, des mêmes régions, mais aussi de l'Afrique centrale; car il ne nous semble pas possible d'en séparer le *Troglodytes Schweinfurthii*, du pays des Niam-Niam, type décrit par Giglioli, seize ans après celui de Duvernoy.

Au type *niger*, doit être rapporté également le *Troglodytes Aubryi*, « car la présence à la partie postérieure de la dernière molaire d'en bas, d'un talon, dont, ni le *Troglodytes niger* ni le *Troglodytes Tschego* ne montrent aucune trace », est, malgré l'opinion du Dr Alix, un caractère insuffisant pour légitimer la création d'une espèce (1).

Ruetimeyer, dont la manière de voir ne peut être contestée, envisage du reste l'espèce comme mal fondée et conclut, lui aussi, à la grande variation des Anthropomorphes (2); Hartmann a été conduit au même résultat (3).

Dans son savant mémoire sur la crâniologie du Chimpanzé, Giglioli fait observer que, pendant tout le cours de sa discussion, il a soigneusement évité de se servir du mot *espèce,* pour caractériser son *Troglodytes Schweinfurthii : « Mi sono sempre astenuto di far uso della parola specie »*, et il ajoute : « Pour moi, le *Troglodytes Schweinfurthii* doit être considéré comme une race, *una razza di Cimpanzé, una sottospecie con decisa tendenza antropoide »* (4). Sans revenir sur notre manière d'envisager la race et l'espèce, exposée dans notre introduction, et répondant à la question posée en commençant : existe-t-il chez le *Troglodytes niger* des types susceptibles d'être spécifiquement distingués?, nous concluerons par l'affirmative, tout en n'en reconnaissant que deux, parmi les spécimens jusqu'ici connus : l'un ayant son centre d'habitat dans la région de l'Ouest, tandis que l'autre serait plus spécialement cantonné sur un espace restreint de la partie centrale du continent Africain.

Fam. SEMNOPITHECIDÆ Is. Geoff.

Gen. COLOBUS Illig.

2. COLOBUS BICOLOR Gray.

Colobus bicolor Gray, Cat. Monk. Brit. Mus., p. 18, 1870.
Semnopithecus bicolor Wesmael, Bull. Acad. Brux., 1835.
— *vellerosus* Is. Geoff. Belanger Voy. 37, 1837.
Colobus leucomeros Ogilby P. Z. S. of Lond., p. 69, 1837.

---

(1) *Recherches sur l'anat. du Trogl. Aubryi* (Gratiolet et Alix), *Nouv. Arch. Mus., loc. cit.*, p. 112.
(2) *Arch. fur. Anthrop.*, vol. II., p. 358.
(3) *Zeitsch. der* Gessel. Voir Erdk., Berlin.
(4) *Loc. cit.*, p. 146-147.

Mondi. — Rare. — Forêts de la Gambie et de la Casamence.

Cette espèce vit par petites troupes, composées de six à huit individus au plus; Is. Geoffroy Saint-Hilaire a bien indiqué sa véritable patrie. D'après Trouessart (*Rev. et Mag. Zool.*, p. 117, 1880), elle habiterait également à la côte d'Or. Elle aurait ainsi une aire d'extension des plus considérables.

3. COLOBUS FERRUGINEUS Is. Geoff.

Colobus ferrugineus Is. Geoff. Ann. Mus., t. XIX.
— *Temminckii* Kuhl., 1820.
— *fuliginosus* Ogilby P. Z. S. of Lond., p. 97, 1835.
— *rufoniger* Ogilby, M. S. Mart., Quad. 1, p. 500.
— *Pennanti* Waterhouse P. Z. S. of Lond., p. 57, 1838.

Mondi. — Rare. — Ce Colobe habite les mêmes régions que l'espèce précédente.

La grande variabilité dans la taille et la couleur du pelage, a donné lieu à la création de plusieurs espèces, qui, toutes, doivent être considérées comme appartenant au *Colobus ferrugineus;* l'examen d'une série de crânes ne nous a pas non plus présenté de caractères propres à les différencier; enfin, le plus ou moins de longueur du pouce des mains antérieures, que certains auteurs ont cru devoir prendre comme critérium de leurs espèces, ne peut avoir aucune valeur réelle, son développement relatif ou son atrophie presque complète, étant susceptibles de varier considérablement, suivant les sujets observés.

Gen. GUEREZA Gray.

4. GUEREZA RUPPELLII Gray.

Guereza Ruppellii Gray, Cat. Monk. Brit. Mus., p. 119, 1870.
Colobus guereza Rupp., Neue Wibelt, zu der Faun. von Abys., 1835-1840, p. 1, taj. 1.

Oshoke. — Versant Ouest des Montagnes du Fouta, où il est rare.

Cette espèce, si bien caractérisée par le cercle de longs poils blancs, s'étendant depuis les épaules jusqu'au-dessous des reins, en longeant les côtés du corps, et jusqu'ici regardée comme spéciale à l'Abyssinie, doit incontestablement faire partie de la faune Sénégambienne. Elle vit en petites troupes dans les forêts de Teck, sur le versant Ouest des montagnes du Fouta, où elle se nourrit des fruits du *Nété* (*Parkia Africana* R. Brw.). A l'époque de la traite des Gommes, des sujets vivants sont apportés par les Peuls, qui fabriquent aussi, avec les peaux, des tapis (*Tnomba-ga*) d'un prix élevé.

Nous avons possédé deux individus provenant du haut du fleuve, et dont le caractère était loin d'avoir la douceur que les voyageurs et les naturalistes se plaisent à accorder à cet animal; peu actifs pendant le jour, c'est surtout à l'approche de la nuit qu'ils commencent à s'agiter et à réclamer leur nourriture, par un sifflement plaintif et prolongé.

Fam. CERCOPITHECIDÆ Is. Geoff.

Gen. MIOPITHECUS Is. Geoff.

5. MIOPITHECUS TALAPOIN Is. Geoff.

Miopithecus Talapoin Is. Geoff. Arch. Mus. II, p. 549.
Talapoin Buffon, H. N., t. XIV, p. 46.
Cercopithecus melarhinus Shinz., 1, p. 47.

Pindojh. — Assez rare. — Habite les forêts de la Gambie et de la Casamence. Se rencontre également sur les bords de la rivière de Somone, et dans le pays de Den-y-Dack et de Douzar.

Les types que nous avons pu examiner, ne diffèrent, sous aucun rapport, de ceux provenant du Gabon.

Gen. CERCOPITHECUS Erxl. (*pro parte*).

6. CERCOPITHECUS ASCANIAS Audeb.

Cercopithecus Ascanias Audeb., t. II, pl. 13 (non F. Cuv.).

N'Kema. — Cette espèce, assez commune, habite les mêmes localités que le *Talapoin*.

7. CERCOPITHECUS DIANA Erxl.

Cercopithecus Diana Erxl. Audeb. t. II, pl. 6.
— *Roloway* Fisch., Syn. Mam., p. 20.

N'Kema. — Habite les forêts de Bafoulabé et de Senoudebou, et s'étend sur les pentes boisées des contre-forts du Fouta-Djalon, où il est assez commun.

8. CERCOPITHECUS MONA Erxl.

Cercopithecus mona Erxl., Buff. suppl. 7, p. 19.
Le Mone Buffon, H. N., t. XIV, p. 258, t. 36.
Cercopithecus Grayi, Fraser, Cat. Knows. Coll. Aug., 1850.

N'Kma. — Assez commun. — Habite les mêmes localités que le Diana; descend jusqu'à Merinaghem et Richard-Toll.

La tache blanc jaunâtre au-dessus des yeux, et la double ligne noire de chaque côté de la tête, que Fraser attribue à son *C. Grayi*, constituent une simple variation de couleur, ne pouvant autoriser la légitimité de l'espèce.

9. CERCOPITHECUS CAMPBELLII Wather.

Cercopithecus Campbellii Wather., P. Z. S. of Lond., p. 61, 1838.
— *Burnettii* Gray, Ann. and. Mag. N. Hist., 1842, p. 256.

Cette espèce, indiquée comme habitant Sierra-Leone et Fernando-Po, se rencontre également en Gambie et en Casamence.

Gen. CHLOROCEBUS Gray.

10. CHLOROCEBUS RUBER Gray.

Chlorocebus ruber Gray, Cat. Monk. Brit. Mus., 1870, p. 25.

Patas à bandeau noir Buffon, H. N. XIV, t. 25.
Cercopithecus ruber H. Geoff. et F. Cuv., Mam. t. I, p. 25.

Avohaïh. — Commun. — Habite en troupes les forêts de la rive gauche du Sénégal, Saldé, Matam, Dagana. On l'observe plus rarement et par familles isolées, dans les environs du marigot de Leybar.

11. CHLOROCEBUS PATAS Erxleb.

Chlorocebus patas Erxleb. in Trouessart, Syn. Mam., Rev. de Zool., 1878, p. 121.
Patas à bandeau blanc Buffon, H. N., XIV, f. 26.
Cercopithecus patas Erxleb. Mam., p. 34, nº 12.

Avohaïh. — Commun. — Forêts du Fouta-Tauro, les rives de la Falémé, du Bakoy, Bafoulabé, Dambakane, Pays de Galam.

Si, comme l'admettent la majeure partie des Mammalogistes, il faut distinguer les *Chlorocebus ruber* Auct. et *pyrrhonotus* Ehrh., parce que l'un a le *nez noir* et la *face externe des bras grisâtres,* tandis que l'autre a le *nez blanc* et *cette même face des bras rousse,* comme le reste du corps, tous deux *de taille* et *de force semblables à l'état adulte,* à plus forte raison doit-on séparer le *Chlorocebus ruber* Auct. en deux espèces parfaitement caractérisées.

« Dans la famille des Singes de l'ancien continent, dit Temminck (*Esq. Zool. sur la côte de Guinée,* 1re part., 1855, p. 19), il est nécessaire de constater que le sexe et l'âge, présentent des différences plus ou moins remarquables dans la nature et la couleur du pelage; les jeunes, dans la première période de leur vie, ressemblent si peu aux parents, que le plus grand nombre des indications chez les auteurs même récents, induisent en erreur, par le nombre multiple des espèces qu'ils forment d'une seule. »

Ces observations, vraies dans la plupart des cas, ne peuvent s'appliquer au *Chlorocebus ruber* Auct., car dans *chacun des deux types* que nous allons décrire, *jeunes ou vieux, mâles ou femelles,* possèdent un pelage *uniformément le même.*

Chez le premier, figuré avec une scrupuleuse exactitude dans le grand ouvrage de F. Cuvier et E. Geoffroy Saint-Hilaire (t. I, p. 25), le dessus du corps, les flancs, les épaules, les cuisses, la région supérieure de la queue, sont d'un beau rouge fauve brillant; toutes les parties internes sont d'un blanc grisâtre; les longs poils des joues, de même couleur, offrent un mélange de poils noirs; un bandeau étroit, également noir, suit la ligne des sourcils; un second bandeau, partant de l'angle externe des sourcils, contourne toute la région frontale, où il forme comme une sorte de couronne.

C'est bien l'espèce dont Gray (*Cat. Monk. Brit. Mus.*, p. 25) fait une variété ou un jeune du *C. ruber* Auct., ayant les épaules et la partie externe des bras rouges : « *Var. or younger shoulders and outside of arms red.* »

Les dimensions moyennes de cette espèce sont les suivantes :

Longueur du bout du museau à l'origine de la queue .	0,455	millimètres.
Longueur de la queue..........................	0,290	—
Hauteur du train de devant......................	0,312	—
Hauteur du train de derrière....................	0,307	—

Le second, également figuré avec une aussi grande exactitude par F. Cuvier et E. Geoffroy Saint-Hilaire (*loc. cit.*, p. 26), diffère de l'autre : par un pelage roux moins foncé et plus orangé aux parties supérieures du corps; par la couleur grise de toute la partie externe des membres antérieurs, depuis l'épaule jusqu'à la main; par les jambes complètement d'un gris blanc, et enfin par le bandeau circulaire du front à peine indiqué.

Ces caractères sont ceux que Gray (*loc. cit.*) assigne aux individus adultes du *Chlorocebus ruber* Auct.

Sa taille, de beaucoup supérieure à celle du premier, donne :

Longueur du bout du museau à l'origine de la queue .	0,630	millimètres.
Longueur de la queue..........................	0,342	—
Hauteur du train de devant......................	0,400	—
Hauteur du train de derrière....................	0,382	—

L'examen des têtes osseuses offre des caractères non moins tranchés.

Dans les individus de forte taille, la largeur de la face contraste avec l'étroitesse du front excessivement fuyant; les arcades sourcilières sont proéminentes, les cavités orbitaires très écartées, ainsi que les arcades zygomatiques; on observe une crête frontale élevée, un développement exagéré des canines supérieures et la petitesse du trou occipital.

Dans les types de taille moindre, la face est étroite, le front arrondi, proportionnellement beaucoup plus large, les arcades zygomatiques sont rapprochées et donnent à l'ensemble un facies moins bestial; la crête frontale est à peine indiquée, les canines sont faibles, le trou occipital, plus grand, est moins reporté en arrière.

Nous résumons, dans le tableau suivant, les moyennes de dix crânes *adultes* et *mâles*, pris pour chacune des deux espèces :

DÉSIGNATION DES MESURES		Chlorocebus patas Grand Type ♂	Chlorocebus ruber Petit Type ♂
Courbe totale du crâne		195	172
Diamètres	Antero-postérieur maximum	80	79
	Bitemporal	66	63
	Bizygomatique	68	60
	Bimaxillaire	34	31
	Biorbitaire externe	50	47
Orbites	Largeur	24	21
	Hauteur	22	19
Nez	Longueur totale	38	26
	Largeur maxima	11	9
Hauteur totale de la face		61	43
Voute palatine	Longueur	43	35
	Largeur maxima	15	10
	Largeur minima	14	8

L'existence de deux espèces confondues, jusqu'ici, sous le nom de *Chlorocebus ruber*, espèces que Cuvier et E. Geoffroy Saint-Hilaire avaient bien vues, mais que le peu d'échantillons qu'ils possédaient ne leur permettait pas de caractériser suffisamment et surtout d'une manière définitive, nous paraît aujourd'hui hors de doute.

C'est aux sujets de petite taille que nous appliquons le nom de *ruber*, réservant celui de *patas* à ceux de taille plus forte, nom donné par Erxleben, qui semble, lui aussi, avoir distingué les deux espèces.

Il est à remarquer que les troupes de nos *Chlorocebus*, ont un habitat distinct et qu'elles ne se confondent jamais.

« Les grands singes, fort gros, d'un rouge si vif qu'on les aurait pris pour une peinture de l'art, » trouvés par Brue à Dembacané, dans le pays de Galam (1), appartiennent évidemment à notre *Chlorocebus patas*, et non au *ruber*, auquel ne peut être appliquée l'épithète de « grand et gros ». Les mêmes « gros singes rouges » ont été vus à Dembacané, perchés en grand nombre sur les arbres de la rive droite du fleuve, par Raffenel (*Voy. dans l'Afr. Occid.*, 1843, p. 73).

12. CHLOROCEBUS CALLITRICHUS Is. Geoff.

Chlorocebus callitrichus Is. Geoff. Cat., p. 23.
Le Callitrix Buffon, H. N. XIV, t. 37.
Cercopithecus sabæus Auctor., non Lin., nec. Is. Geoff.

Golojh. — Très commun. — Forêts de Podor, Dagana, Backel; descend dans les environs de Saint-Louis, notamment dans les bois et les marigots de Lampsar. Les rares exemplaires que l'on observe à l'archipel du Cap-Vert, paraissent y avoir été introduits.

Adanson avait signalé l'existence du *Chlorocebus callitrichus* (*Singe vert*) dans les environs de Podor, et il relate dans son Voyage au Sénégal (1757, p. 177) une chasse abondante qu'il fit de ces animaux.

Elevés en captivité, leur caractère ne change point avec l'âge : ou bien ils s'attachent à leur maître et sont toujours d'une excessive douceur, ou bien ils restent d'une grande méchanceté ; ces deux manières d'être, opposées, sont inhérentes aux sujets et ne dépendent en aucune façon des traitements auxquels ils sont soumis.

13. CHLOROCEBUS TANTALUS Gray.

Chlorocebus Tantalus Gray, Cat. Monk. Brit. Mus., p. 26.
Cercopithecus Tantalus Ogilby, P. Z. S. of Lond., 1841, p. 33.

---

(1) *Hist. génér. des voyages*, t. III, p. 8.

Golojh. — Commun dans les mêmes localités que l'espèce précédente.

Depuis l'époque (1841) où Ogilby fit connaître son *Cercopithecus Tantalus*, aucun auteur ne semble l'avoir étudié de nouveau; Gray, dans son Catalogue des singes du British Museum, le cite parmi les espèces qu'il ne connaissait pas; Trouessart, dans son *Synopsis Mammalium* (*loc. cit.*), le considère avec doute comme variété du *Chlorocebus callitrichus;* pour tous, son lieu d'origine est inconnu (1).

Il nous paraît incontestable que l'espèce est Sénégambienne, et, de plus, qu'elle a été constamment confondue avec le *callitrichus* type.

Parmi les innombrables spécimens de *callitrichus* qu'il nous a été donné d'étudier, nous avons toujours vu, en effet, deux formes : l'une répondant exactement au type connu de tous; l'autre identique à l'espèce d'Ogilby, c'est-à-dire : « *Supra saturale flavo-viridis, in artus cinerescens, subtus stramineus; facie subnigra, circa oculos livida; auriculis palmisque fuscis; cauda fusca; apice caudæ, mystacibus et perinæo flavis; tænia frontali alba.* » (*loc. cit.*)

Indépendamment de ces caractères, la taille du *Tantalus* est inférieure à celle du *callitrichus*. La longueur moyenne de ce dernier, prise du bout du museau à l'origine de la queue, est de 0,610, tandis que, dans le *Tantalus,* elle dépasse rarement 0,460; la hauteur moyenne aux épaules est comme 0,321 est à 0,219; celle du train de derrière, comme 0,312 est à 0,230.

La tête du *Tantalus,* dit Ogilby, est plus ronde et la face plus courte que celle du *callitrichus* : « *A rounder head and shorter face.* »

Les mesures suivantes, moyennes prises sur dix crânes adultes, donnent les caractères ostéologiques :

---

(1) Le plus récent travail que nous connaissions, où il soit question de cette espèce, est celui de Trouessart *(loc. cit.)*; le point de doute (?) qui précède le nom de *Tantalus,* démontre qu'il est complètement inconnu à ce naturaliste.

DÉSIGNATION DES MESURES		C. CALLITRICHUS ♂	C. TANTALUS ♂
COURBE totale du crâne		160	149
DIAMÈTRES	Antero-postérieur maximum	71	64
	Bitemporal	51	50
	Bizygomatique	75	64
	Bimaxillaire	38	36
	Biorbitaire externe	54	46
ORBITES	Largeur	13	12
	Hauteur	9	14
NEZ	Longueur totale	31	29
	Largeur maxima	9	7
VOUTE PALATINE	Longueur	46	41
	Largeur maxima	18	16
	Largeur minima	14	15

Ces différences entre les deux types, sont, comme on le voit, manifestes, et le *Tantalus* d'Ogilby, considéré comme espèce douteuse, ne peut manquer d'être séparé du *callitrichus,* lorsque l'on étudiera un grand nombre de spécimens.

Gen. **CYNOCEBUS** Gray.

14. CYNOCEBUS CYNOSURUS Gray.

Cynocebus cynosurus Gray, Cat. Monk. Brit. Mus., p. 26, 1870.
Le Malbrouck Buffon, H. N. XIV, p. 240, t. 20.
Cercopithecus cynosurus E. Geoff. Cat., p. 24.
Cercopithecus Tephrops Bennet, P. Z. S. of Lond., 1832, p. 109.

Bouboujh. — Peu commun. — Vit par petites troupes; provient de Bafoulabé, Medine, Bakel.

Les Peuls, à l'approche de la traite, en apportent quelquefois de jeunes; l'espèce remonte donc plus haut vers l'Ouest, dans les forêts du Fouta.

Gen. **CERCOCEBUS** Is. Geoff.

15. CERCOCEBUS FULIGINOSUS Gray.

Cercocebus fuliginosus Gray List. Mam. Brit. Mus., p. 7, et Cat. Monk. Brit. Mus., p. 27, 1870.

Cercopithecus fuliginosus E. Geoff. Ann. Mus., XIX, p. 97.
Le Mangabey Buffon, H. N. XIV, t. 32.

Cette espèce est assez rare; elle se cantonne dans les forêts de la Gambie et de la Casamence, et aussi sur les bords de la rivière de Saloum.

16. CERCOCEBUS COLLARIS Gray.

Cercocebus collaris Gray, List. Mam. Brit. Mus., p. 7.
Cercopithecus mangabey E. Geoff. Ann. Mus., XIX, p. 97.
Le Mangabey à collier Buffon, H. N. XIV, t. 33.

Le *Cercocebus collaris* habite les mêmes régions que l'espèce précédente.

Fam. CYNOCEPHALIDÆ Is. Geoff.

Gen. CYNOCEPHALUS Briss.

17. CYNOCEPHALUS BABOUIN Desm.

Cynocephalus babouin Desm. Mam., p. 63.
Papio cynocephalus E. Geoff. Ann. Mus., XIX, p. 102.
Le petit Papion Buffon, H. N. XIV, t. 14.

Kagöjh. — Peu répandu en Sénégambie, mais vivant en troupes dans les lieux découverts : contreforts Ouest des montagnes du Fouta, dans le Damga et le Gnoye, notamment.

Le *Cynocephalus babouin*, indiqué comme habitant le Nord-Est de l'Afrique, et que des auteurs récents ont cité au Dongola et au Sennaar, est une espèce également Sénégambienne. Adanson, dans son *Cours d'Histoire naturelle* (t. 1, p. 98. éd. Payer), l'indique expressément du Sénégal; nous avons pu vérifier nous-même l'exactitude de cette affirmation. En tous cas, sa présence dans les régions explorées par Rüppell et les voyageurs modernes, n'impliquerait nullement sa non-existence en Sénégambie; nous avons déjà fait remarquer la communauté d'espèces entre les deux contrées; nous aurons à en fournir de nombreux exemples.

C'est à cette espèce qu'il faut rapporter ce que Mage dit des Cynocéphales qu'il a observés dans les environs de Bafoulabé (*Voyage dans le Soudan Occidental,* 1868, p. 58 et fig., p. 59), tout en tenant compte des exagérations relatives au nombre de ces animaux (plus de 5000) réunis sur l'emplacement désigné par le voyageur sous le nom de Montagne des Singes.

18. CYNOCEPHALUS SPHINX Desm.

Cynocephalus sphinx Desm. Mam., p. 69.
Papio sphinx E. Geoff. Ann. Mus., XIX, p. 103.
Le Papion Buffon, H. N., XIV, p. 13.

Pata. — Assez fréquent dans les forêts de la rive droite du Sénégal et de ses affluents; bois de Médine, Bakel, Matam, etc.

Cette espèce ne vit pas en troupes, mais par couples isolés. L'assertion de Fraser (*P. Z. S. of Lond.,* 1841, p. 17), d'après laquelle le *Cynocephalus sphinx* existerait à Sierra-Leone, ne nous paraît pas justifiée. Adanson l'a rencontré au Sénégal, et la description qu'il en donne (*Cours d'Hist. Nat.,* p. 97, éd. Payer) ne peut laisser aucun doute sur l'exactitude de cet habitat, que nous avons pu, du reste, vérifier. Tout nous porterait à croire que Fraser a confondu cette espèce avec la suivante.

19. CYNOCEPHALUS RUBESCENS Trouess.

Cynocephalus rubescens Trouess. Syn. Mam. in Rev. Zool., 1878, p. 128.
Papio rubescens Temm. Es. Zool. Guinée, 1853, p. 39.
Cynocephalus choras Ogilby. P. Z. S. of Lond., 1843, p. 10.

Pataÿh. — Rare. — Bakel, rives du Bakoy, région du Felou et du Fouta-Tauro.

Cette espèce est bien distinguée de la précédente, même par les Nègres. Un seul individu que nous avons possédé ne différait en rien du type décrit par Temminck (*loc. cit.*); il faut rapporter à ce Cynocéphale « les Cynocéphales de taille moyenne, à pelage rouge et à tête très grosse relativement au corps », cités par Raffenel, comme habitant le mont des Singes, colline derrière Bakel (*loc. cit.*, p. 89). Ogilby l'indique des bords du Niger, dans le voisinage, du reste, des localités où nous le signalons.

Gen. **CHÆROPITHECUS** Gray.

20. CHÆROPITHECUS LEUCOPHÆUS Gray.

Chæropithecus leucophæus Gray, Cat. Monk. Brit. Mus., p. 35, 1870.
Simia leucophæa F. Cuvier, Mam. List., IV, p. 637.
Papio leucophæa Gray, List. Mam. Brit. Mus., p. 10.

Bogojh. — Rare. — Gambie, Casamence, districts de Sedhiou et de Carabane.

Adanson, en parlant du Mandrille, donne comme un de ses caractères : la face violacée, sillonnée des deux côtés par des rides longitudinales (*Cours d'Hist. Nat.*, p. 98, éd. Payer); et il le cite comme étant un « des cinq Babouins » que l'on rencontre au Sénégal. C'est bien de l'espèce qui nous occupe qu'il a voulu parler, et non du vrai Mandrille, *Mormon Morimon,* si différent surtout par la coloration de la face.

Adanson (*loc. cit.*) fait observer également, avec raison, que Buffon a faussement appliqué au *Chlorocebus ruber* le nom de *Pata,* imposé par les Nègres au *Cynocephalus sphinx* (1).

---

(1) Nous avons exposé (p. 29-30) notre manière de voir relativement au *Chlorocebus ruber* des auteurs, et, pour l'une des espèces démembrées, nous avons dû maintenir, malgré son inexactitude, le nom de *patas,* imposé par Erxleben dans son *Systema regni animalis.*

PROSIMII Illig.

Fam. GALAGINIDÆ Benn.

Gen. SCIUROCHEIRUS Gray.

21. SCIUROCHEIRUS ALLENII Gray.

Sciurocheirus Allenii Gray, P. Z. S. of Lond., 1872, p. 857, fig. 5.
Galago Allenii Waterhouse, P. Z. S. of Lond., 1837, p. 87.
— Gray, Cat. Lem. Brit. Mus., 1870, p. 82.

Peu commune, cette espèce remonte dans la basse Casamence; on la rencontre plus particulièrement dans les parages de Zighinchior.

Gen. HEMIGALAGO Dobs.

22. HEMIGALAGO DEMIDOFFII Dobs

Hemigalago Demidoffii Dobs, Stud., p. 230, t. 10.
— Gray, P. Z. S. of Lond., 1872, p. 858.
Galago Demidoffii Fisch. Mém. Ac. Mosc., 1, t. 24, f. t., 1806.
— *murinus* Mur. Edimb. Phil. journ. N. S. x., t. II.

Koyak. — Commun, depuis les forêts de Gommiers du Cayor et du Baol, jusqu'à celles de la Casamence; on le retrouve au Gabon, où il est cité par tous les auteurs.

Fischer a indiqué avec raison cette espèce comme originaire du Sénégal (*Mém. Soc. Nat. Moscou,* 1806, v. 1, p. 24). Elle ne peut être confondue avec aucune autre de ses congénères. Le naturaliste de Moscou en donne une description détaillée : «Elle est de la grosseur d'une souris, dit-il, ses oreilles sont nues, sa queue très touffue, son poil est roussâtre, son dessous grisâtre et son cou noirâtre; des poils très longs, en forme de moustaches, couvrent les coins de la bouche, les joues et l'angle de l'œil. » A l'exception d'une taille un peu plus forte, les individus Sénégambiens ne diffèrent sous aucun rapport de celui décrit par Fischer.

Gen. **OTOLICNUS** Peters.

23. OTOLICNUS SENEGALENSIS Gray.

Pl. I, fig. 1.

Otolicnus Senegalensis Gray, P. Z. S. of Lond., 1872, p. 859.
Galago Senegalensis E. Geoff., 1796. — Is. Geoff. cat., 81.
Le Koyak Adanson, Cours d'H. N., éd. Payer, t. 1, p. 101.

Koyak. — Habite les forêts de Gommiers, pays de Galam, Bondou, Bambouk, Casamence, où on l'observe assez fréquemment, par couples isolés.

On doit à Adanson les premiers renseignements relatifs à cet animal; il en recueillit plusieurs exemplaires lors de son voyage au Sénégal, et c'est sur l'un d'eux que E. Geoffroy Saint-Hilaire établit sa diagnose. Très mal figuré jusqu'ici, nous représentons le Galago d'après nature.

D'un naturel très doux, le Galago du Sénégal se nourrit, comme dit Adanson, de fruits, d'Insectes et de Gomme; il est plutôt crépusculaire que diurne, car ce n'est qu'exceptionnellement qu'on le rencontre pendant le jour.

Malgré l'affirmation d'Adanson, nous n'avons jamais vu les Nègres chasser le Galago pour s'en nourrir.

Les types recueillis par Rüppell, au Sennaar et au Kordofan, décrits par lui comme appartenant au *Senegalensis,* puis spécifiés par Gray sous le nom de *Sennaariensis* (*P. Z. S. of Lond.,* 1863, p. 147), présentent des caractères si peu constants, qu'il ne nous paraît pas possible de les considérer même comme forme locale; quoi qu'il en soit, ils montrent une grande extension de l'espèce sur le continent Africain.

Adanson cite seulement, sans les faire suivre d'aucun détail, deux autres Galago du Sénégal : l'un, dit-il, de la taille d'un Chat, l'autre seulement gros comme une Souris.

Cette dernière désignation s'applique très certainement à l'*He-*

migalago Demidoffii; quant à la première, elle doit être rapportée à l'*Otogale crassicaudatus.*

Gen. EUOTICUS Gray.

24. EUOTICUS PALLIDUS Gray.

Euoticus pallidus Gray, P. Z. S. of Lond., 1872, p. 860.
Otogale pallida Gray, P. Z. S. of Lond., 1833, t. 19, p. 140; et Cat. Lem. Brit. Mus., 1870, p. 81, f. 7.

Koyak. — Assez commun dans les forêts de Gommiers du Galam ; se rencontre également à Zighinchior, dans la Casamence.

Gen. OTOGALE Gray.

25. OTOGALE CRASSICAUDATUS Gray.

Otogale crassicaudatus Gray, P. Z. S. of Lond., 1872, p. 860; et Cat. Brit. Mus., 1870, p. 80.
Otoclinus crassicaudatus Peters. Monats., t. II, t. 4, f. 1, 5.
Galago crassicaudatus E. Geoff., 1812.

Koyakgoud. — Assez commun; dans les mêmes localités que l'espèce précédente.

Comme nous l'avons déjà fait observer, c'est à cette espèce qu'il faut rapporter le Galago d'Adanson, de la taille d'un Chat.

Fam. PERODICTICINIDÆ Gray.

Gen. PERODICTICUS Bennet.

26. PERODICTICUS POTTO Wagn.

Perodicticus potto Wagn. Schreb. Saug. supp., p. 288.
— *Geoffroyi* Bennet, P. Z. S. of Lond., 1830, p. 109.
Lemur potto Gmel. S. N., p. 42.
Nycticebus potto E. Geoff., Ann. Mus. XVII, p. 114.

Maka. — Forêts de Zighinchior, rives du Dongol, Courbali, dans la basse Casamence et la Gambie, — où il est rare.

Le Potto est indiqué par tous les auteurs comme éminemment propre à la Guinée et au Gabon. Gray (*loc. cit.*) l'indique de Sierra-Leone ; dès lors son habitat dans les régions arrosées par la Casamence et les rivières tributaires de ce fleuve, se trouve naturellement expliqué.

Les habitudes de cet animal sont essentiellement nocturnes; mais sa vivacité pendant la nuit n'est pas aussi grande que le dit Temminck, d'après les observations de Pel (*Esq. Zool. sur la Côte de Guinée,* 1853, p. 50). Un sujet jeune, provenant de Zighinchior, que nous avons possédé, restait enroulé sur lui-même durant le jour, dans un coin de la cage où il était enfermé ; vers le soir, il sortait de son assoupissement, et c'est avec des mouvements relativement lents, qu'il recherchait sa nourriture, consistant en fruits et en Insectes; il paraissait très sensible à la lumière, faisant tous ses efforts pour se soustraire à l'influence d'une lampe placée dans son voisinage.

CHIROPTERI Blumb.

Fam. PTEROPIDÆ C. Bp.

Gen. XANTHARPYA Gray.

27. XANTARPYA STRAMINEA Gray.

Pteropus stramineus E. Geoff. Ann. Mus., XV, p. 95. Temm. Mon., p. 196.
Xantarpya straminea Gray, Cat. Fruit-Eating-Bats, 1870, p. 116.

Tonga. — Commun. — Voltige en troupes à Saint-Louis même, et dans ses environs : villages de Sorres, Gandiole ; haut du fleuve, Podor, Dagana, Bakel; Gambie, Casamence.

L'aire d'habitat de cette espèce paraît excessivement étendue, car, indépendamment des localités où nous l'indiquons, on l'a trouvée en Egypte, au Sennaar, en Guinée, au Gabon, à Sierra-Leone, etc. Elle habiterait également Timor, d'où Peron et Lesueur l'ont rapportée, et c'est sur des individus de cette localité que E. Geoffroy aurait établi son espèce. « Nous sommes redevable, dit-il, d'un exemplaire recueilli à Timor, par M. Fourcroy. » (*Loc. cit.*, p. 95, et *Mém. d'Hist. Nat.*, 1802, p. 11.)

Temminck (*Mon.* II, p. 84, 1837) fait observer que « trompé, comme E. Geoffroy, par d'anciennes étiquettes peu exactes, relativement à la patrie mentionnée, l'un et l'autre avaient erronément indiqué Timor comme patrie certaine, et que l'espèce ne s'y trouve pas, mais est essentiellement Africaine. »

Enfin Peters (Voy. Gray, *Cat. Fruit-Eating-Bats.*, p. 116) croit au contraire que les deux régions sont habitées par un *Xantharpya,* mais que l'espèce décrite par E. Geoffroy n'est pas la même que celle de Temminck.

Cette manière de voir nous semble admissible, car des caractères notables différencient les individus de l'une et l'autre provenance; dans ce cas, le type de Timor devrait conserver le nom imposé par E. Geoffroy, comme le plus ancien; et le type Africain, recevoir une autre appellation. Peters, en publiant son *Pteropus* (*Pterocyon*) *paleaceus* (*Monats. Akad. Berl.*, 1861, p. 423, et Gray, *loc. cit.*, p. 116), tout en voulant ainsi établir cette distinction, a eu le tort d'imposer un nom à l'espèce Asiatique, pour laquelle celui de E. Geoffroy devrait être conservé, et surtout de créer un genre sur des caractères inacceptables.

Quoi qu'il en soit, les types Sénégambiens fournissent les caractères suivants :

Pelage très court, lisse; tête, noir brunâtre; des poils de même couleur, mais longs et rares, garnissent extérieurement les joues; la région du cou porte un demi-collier de longs poils légèrement laineux, d'un jaune doré bruni par places; la poitrine et l'abdomen sont brun doré; les bras, grisâtres; des poils gris blancs, longs et laineux, règnent en ligne continue sur la membrane, à son point d'attache avec les membres supérieurs; le dos, les fesses, les cuisses revêtent une couleur jaune brunâtre, entourée d'une bande assez large d'un jaune orangé doré, clair et brillant, couvrant la ligne de jonction de l'aile avec le corps; la membrane est brunâtre.

Contrairement à l'affirmation de Temminck (*Esq. Zool. Guinée*, 1853, p. 55), les femelles possèdent, comme les mâles, un demi-collier de poils laineux; la teinte générale du corps est seulement plus pâle que chez ces derniers.

La longueur totale du corps est de.......	0,160	millimètres.
L'envergure mesure....................	0,675	—

Des exemplaires rapportés du Nil-Blanc (*Gal. Mus. d'Hist. Nat.*, Paris) ont une teinte jaune blanchâtre; le dos est brun au centre, avec une bande circulaire brun doré terne; le demi-collier est jaune doré brun.

La longueur du corps est de.............	0,248	millimètres.
L'envergure de.........................	0,780	—

La concordance parfaite des exemplaires du Nil-Blanc avec les descriptions de Temminck, montre combien ils s'éloignent du type Sénégambien, et nous n'hésiterions pas à les séparer spécifiquement, si nous en possédions une série plus complète; leurs caractères différentiels sont, en effet, plus tranchés que ceux de la variété *Dupreana* Schleg. et Pollen, de Madagascar, érigée au rang d'espèce par Dobson.

Quant au type de Timor, décrit par E. Geoffroy, son pelage brun pâle, ses lombes jaunâtres, sa gorge avec un large demi-collier jaune rougeâtre (Geoff., *loc. cit.*, p. 65), la petitesse relative de ses dimensions : longueur du corps, 0,120, envergure 0,620, conduisent, comme nous l'avons dit, à partager, sous certaines réserves, l'opinion de Peters.

Les *Xantharpya straminea* vivent en bandes nombreuses, dans les forêts et les lieux couverts, et se livrent à de longs voyages, à des époques fixes. Pendant la saison de l'hivernage, ils arrivent à Saint-Louis même, et s'établissent sur les Dattiers de la place du Gouvernement. Là, immobiles pendant le jour, suspendus en légions serrées sous les longues feuilles, on les voit, aussitôt la nuit venue, planer d'un vol lourd au-dessus de ces Dattiers, dont ils dévorent les fruits, en poussant des cris perceptibles à une longue distance, et comparables aux stridulations des grands Rapaces nocturnes.

Gen. **ELEUTHERURA** Gray.

28. ELEUTHERURA ÆGYPTIACA G ay.

Eleutherura Ægyptiaca Gray, Cat. Fruit. Eating-Bats., 1870, p. 117.
Pteropus Ægyptiacus E. Geoff. Ann. Mus., XV, p. 96.
— *Geoffroyii* Tem. Mon., 1, p. 197.

Tonga. — Cette espèce, peu commune, habite les forêts des environs de Podor et de Bakel.

Également propre à l'Egypte et à l'Abyssinie, l'*Eleutherura Ægyptiaca* a été d'abord indiqué par Temminck (*loc. cit.*) comme vivant au Sénégal.

29. ELEUTHERURA UNICOLOR Gray.

Eleutherura unicolor Gray, Cat. Fruit. Eating-Bat., 1870, p. 117.

Konja. — Assez rare. — Rives de la Gambie et de la Casamence.

Il ne diffère en rien des exemplaires provenant du Gabon, où on l'indique habituellement. M. le Dr Trouessart (*Rev. et Mag. Zool.* 1878, p. 206) considère, à tort selon nous, cette espèce comme une variété de l'*E. collaris* Illig.; les différences fournies par les teintes du pelage, les longueurs disproportionnées des avant-bras, et surtout les caractères tirés de la dentition, que Gray a résumés dans son Catalogue des Chiroptères frugivores (*loc. cit.*, p. 118), nous semblent suffisants pour séparer les deux types.

Gen. **HYPSIGNATHUS** Allen.

30. HYPSIGNATUS MONSTROSUS Allen.

Hypsignathus monstrosus Allen. Proc. Acad. Philad., 1861, p. 156.

Rives de la Gambie, où l'espèce est rare.

Gen. EPOMOPHORUS Benn.

31. EPOMOPHORUS MACROCEPHALUS Gray.

Epomophorus macrocephalus Gray, Cat. Fruit-Eating-Bats., 1870, p. 125.
Pteropus macrocephalus Ogilby, P. Z. S. of Lond., 1835, p. 101.
— *megacephalus* Swains. Lardn. Ency., p. 92.
Epomophorus Whitei Benn. Trans. Zool. Soc., II, p. 38.

Habite les mêmes parages que l'espèce précédente.

32. EPOMOPHORUS GAMBIANUS Gray

Epomophorus Gambianus Gray, Mag. Zool. et Bot., II, p. 504.
Pteropus Gambianus Ogilby, P. Z. S. of Lond., 1835, p. 100.

Konja. — Commun dans les environs d'Albreda, sur les bords de la Gambie ; on l'observe également dans la Casamence.

Cette espèce reste abritée pendant le jour sous les larges feuilles des grands arbres, tels que les *Nauclea* et les *Spondias*.

Gen. EPOMOPS Gray.

33. EPOMOPS FRANQUETI Gray.

Epomops Franqueti Gray, Cat. Fruit-Eating-Bats., 1870, p. 126.
Epomophorus Franqueti Tomes, P. Z. S. of Lond., 1860, p. 54.

Rare. — Habite les bords de la Gambie.

Sa teinte brun doré pâle par places, sa plaque ovoïde ventrale blanche, et ses épaulettes jaune pâle, ne permettent pas de confondre cette espèce avec aucune autre. Le Gabon a été indiqué jusqu'ici comme sa patrie exclusive.

34. EPOMOPS PUSILLUS Peters.

Epomops pusillus Peters, Monats. Akad., Berlin, 1861.
Pteropus Schœnsis Tomes, P. Z. S. of Lond., 1860, p. 56 (non Rüppell).

Rare. — Bords de la Gambie.

Fam. MEGADERMIDÆ Wagn.

Gen. LAVIA Gray.

35. LAVIA FRONS Gray.

Lavia frons Gray, Mag. Zool. et Bot., II, p. 8.
Megaderma frons E. Geoff. Ann. Mus., XV, p. 192.
La Feuille Daubenton, Mém. Ac. Sc., Paris, 1759, p. 374.

Diougoup. — Assez commun. — Saint-Louis, Sorres, Dakar-Bango, Gambie, Casamence.

Cette espèce, rapportée pour la première fois par Adanson, est l'une des dix qu'il dit « particulières au climat du Sénégal. » (*Cours. Hist. Nat.*, éd. Payer, t. 1, p. 154.) Elle habite les greniers et les cavités creusées dans le tronc des Baobabs.

Les couleurs du pelage du *Lavia frons,* données par E. Geoffroy (*Mém. d'Hist. Nat.*, 1802, p. 37) d'après Daubenton, ne sont pas exactes.

« Le poil, dit-il, est d'une belle couleur cendrée, avec quelque teinte de jaunâtre peu apparent. »

La teinte générale est d'un roux doré pâle, un peu plus foncé sur la tête et la région dorsale ; le ventre est gris argenté ; les poils sont très longs et soyeux ; les oreilles, la feuille nasale, d'un rose pâle ; les membranes des ailes d'un roux transparent.

Fam. NYCTERIDÆ E. Geoff.

Gen. NYCTERIS Dobs.

36. NYCTERIS HISPIDUS Desm.

Nycteris hispidus Desm. Dict. H. N., 1818, XXIII, p. 128.
— *Daubentonii* E. Geoff.
Le Campagnol volant Daubenton, Mém. Ac. Sc., Paris, 1759, p. 387.

Diougoup. — Peu commun. — Thionk, Sorres, Leybar, Gandiole, Dagana, Podor.

L'exemplaire d'après lequel l'espèce a été décrite par Daubenton, avait été rapporté par Adanson. On la rencontre dans les cases abandonnées; son vol est saccadé et peu élevé.

37. NYCTERIS THEBAICUS E. Geoff.

Nycteris Thebaicus E. Geoff. Hist. Nat. Egypte, II, p. 119, pl. 1, n° 2.

Diougoup. — Assez rare. — Habite les mêmes localités que l'espèce précédente.

Décrit pour la première fois par E. Geoffroy comme particulier à l'Egypte, ce *Nytéris* est indiqué du Sénégal par Temminck (*Monast.* 14, p. 283); c'est également à lui qu'il faut rapporter le spécimen d'Adanson, spécimen desséché, et dont la mauvaise conservation ne put permettre à E. Geoffroy d'en donner la diagnose.

Fam. RHINOLOPHIDÆ Wagn.

Gen. RINOLOPHUS E. Geoff.

38. RHINOLOPHUS FUMIGATUS Rüpp.

Rhinolophus fumigatus Rüpp. Mus. Senck., 1842, p. 132.

Diampekh. — Se rencontre assez communément en Gambie, Casamence, Podor, Dagana, bords du Bakoy.

Le *Rhinolophus fumigatus* de Rüppell, dont l'aire d'habitat s'étend depuis l'Abyssinie jusqu'au Cap et au Gabon, que l'on retrouve dans les points de la Sénégambie précédemment indiqués, est considéré, par certains auteurs, et notamment par M. Trouessart (*Rev. et Mag. Zool.*, 1870, p. 220), comme une simple variété du *Rhinolophus unihastatus* E. Geoff.

La comparaison des deux espèces montre, selon nous, des différences spécifiques bien tranchées.

Chez le *R. unihastatus*, en effet, le pelage est cendré clair, mêlé de roux en dessus, teinté de jaunâtre en dessous. Sa longueur est de 0,078^{mm}, son envergure de 0,364^{mm}.

Le pelage du *R. fumigatus*, au contraire, est d'une couleur uniforme brun grisâtre, et ses dimensions sont bien inférieures à celles du précédent, car sa longueur ne dépasse pas 0,067^{mm}, et son envergure 0,292^{mm}.

39. RHINOLOPHUS CLIVOSUS Rüpp.

Rhinolophus clivosus Rüpp., Cretzchm. Atl. Nord Af., 1826, p. 47, taf. 18.

Assez rare. — Pangala, bords du Bakoy.

Le type Sénégambien ne diffère en rien des spécimens décrits et figurés par Rüppell.

Fam. PHYLLORHINIDÆ Bp.

Gen. PHYLLORHINA Wagn.

40. PHYLLORHINA TRIDENS Wagn.

Phyllorhina tridens Wagn. D. Sangthiere V. Supp., p. 656.
Rhinolophus tridens E. Geoff. Mém. Hist. Nat., p. 7, et Hist. Nat. Egypte, II, pl. 2, n° 1.

Vit dans les mêmes localités que l'espèce précédente.

Cette espèce, commune en Egypte et en Nubie, est considérée, avec raison, par le Professeur H. Gervais, comme Sénégambienne : « Nous en avons vu, dit-il, des exemplaires provenant du Sénégal. » (*Hist. Nat. Mam.*, t. I, p. 205, 1854.)

41. PHYLLORHINA GIGAS Wagn.

Phyllorhina gigas Wagn. D. Sangthiere V. Supp., p. 650.
Rhinolohhus gigas Wagn. Wiegm. Arch., 1845; 1, p. 148-148, 1, p. 180.
Phyllorhina vittata Peters, Nat. Reis. Nach. Moss., 1852, p. 32, taf. VI, f. 7.

Commun sur les rives de la Gambie.

Nous ignorons sur quels fondements se base M. le Dr Trouessart pour donner les *Phyllorhina gigas* Wagn. et *vittata* Peters en synonymie du *Phyllorhina* (*Rhinolophus*) *Commersonii* E. Geoff., établi sur une simple figure de Commerson.

Laissant de côté cette espèce douteuse, il nous semble plus sage d'adopter le type bien connu de Wagner, identique, du reste, à celui de Peters, mais publié quatre ans avant lui.

42. PHYLLORHINA FULIGINOSA Temm.

Phyllorhina fuliginosa Temm. Esq. Zool. Guinée, 1853, p. 77.

Gambie, Casamence, — où il est assez rare.

L'espèce, découverte en Guinée, puis à Fernando-Po, remonte la côte, et se tient de préférence dans les forêts qui en sont à peu de distance.

Fam. TAPHOZOIDÆ Wagn.

Gen. TAPHOZOUS E. Geoff.

43. TAPHOZOUS PERFORATUS E. Geoff.

Taphozous perforatus E. Geoff. H. Nat. Egypte, II, p. 126, tab. 3 *a*.
— *Senegalensis* E. Geoff. Hist. Nat. Egypte, II, p. 127.
Le Lerot volant Daubenton, Mém. Ac. Sc. Paris, 1879, p. 386.

Diadjia. — Assez commun. — Sorres, Leybar, Podor, Dagana, Bakel.

C'est sur des échantillons du Sénégal, que Daubenton a établi son *Lerot volant,* le *T. Senegalensis,* de E. Geoffroy, parfaitement semblable au *T. perforatus* et ne pouvant en être séparé.

44. TAPHOZOUS NUDIVENTRIS Rüpp.

Taphozous nudiventris Rüpp. Atl. Nord. Afrika, 1826, p. 70, taf. 27 *b*.

Diadjia. — Assez commun. — Habite avec l'espèce précédente.

45. TAPHOZOUS PELI Temm.

Taphozous Peli Temm. Esq. Zool. Guinée, 1853, p. 82.

Simposig. — Forêts de la Casamence, — où il est peu commun.

Cette espèce, non encore signalée en Sénégambie, et provenant de la côte de Guinée, des monts Cameroon, etc., est un de ces nombreux types dont l'aire d'habitat s'étend sur une vaste surface, types si nombreux en Sénégambie. Son pelage très peu fourni, brun foncé, ses régions postérieures entièrement nues, ne laissent aucun doute sur son identité avec les échantillons décrits par Temminck.

Fam. MOLOSSIDÆ Peters.

Gen. MYOPTERIS E. Geoff.

46. MYOPTERIS DAUBENTONII E. Geoff.

Myopteris Daubentonii E. Geoff. Hist. Nat. Egypte, II, p. 113.
Le Rat volant Daubenton, Mém. Ac. Sc. Paris, 1759, p. 387.

Assez commun. — Environs de Saint-Louis, Sorres, Thionk, Babagay, Leybar, Gandiole.

Ce *Myopteris* a été découvert au Sénégal, par Adanson.

On ne sait pourquoi M. le Dr Trouessart (*Rev. et Mag. Zool.*, 1878, p. 230) inscrit cette espèce à la synonymie du *Molossus planirostris* de Peters, tout en faisant précéder le nom de *Daubentonii*, d'un point de doute (?), ni d'après quelles indications il la donne comme provenant de la Guyane Anglaise. L'ouvrage du professeur H. Gervais (*Hist. Nat. Mamm.*, 1854, t. 1, p. 221), souvent cité par M. Trouessart, aurait dû lui indiquer la véritable patrie du *Myopteris* décrit par E. Geoffroy.

Gen. NYCTINOMUS E. Geoff.

47. NYCTYNOMUS PUMILUS Gray.

Nyctinomus pumilus Gray, Cat. Brit. Mus., 1843, p. 35.
Dysopes pumilus Rüpp. Atl. Nord. Afrika, p. 69, taf. 27 *a*.

Assez commun. — Bords de la Gambie ; remonte dans le haut Sénégal ; Bakel, Médine, rives de la Falèmé.

Ce *Nyctinomus* s'étend depuis l'Égypte et la Nubie, jusqu'à Fernando-Po et au Gabon.

Fam. VESPERTILIONIDÆ I. G. St-Hil.

Gen. SYNOTUS Keys.

48. SYNOTUS LEUCOMELAS Wagn.

Synotus leucomelas Wag. Die. Saugth., 1855, Supp. V., p. 719.
Vespertilio leucomelas Rüpp. Atl. Nord. Afrika, 1826, p. 73, taf. 28, *b*.

Lieux boisés de Bakel, Podor ; descend jusqu'à Saint-Louis, Sorres, Dakar-Bango. — L'espèce est assez rare.

Nous ne pouvons, malgré l'autorité de certains Zoologistes, considérer cette espèce comme une variété du *S. barbastellus* Schreb. Les différences dans la coloration du pelage : noir en dessus, varié de noir et de blanc en dessous, chez le *S. leucomelas*, tandis qu'il est brun foncé sur le dos, et brun cendré sous le ventre, chez le *S. barbastellus;* la longueur des oreilles dépassant celle de la tête dans le premier, égalant la longueur de la tête dans le second; enfin, l'envergure de l'un, égale à 0,220^{mm}, celle de l'autre, égale 0,260^{mm}, suffisent, nous le croyons, à les spécifier.

Gen. PLECOTUS E. Geoff.

49. PLECOTUS ÆGYPTIACUS E. Geoff.

Plecotus Ægyptiacus E. Geoff. Mém. Hist. Nat., 1802, p. 140.

Habite, en petit nombre, les mêmes régions que l'espèce précédente.

Les raisons invoquées pour séparer spécifiquement les *Synotus leucomelas* et *barbastellus* s'appliquent au *Plecotus Ægyptiacus*, dont quelques-uns font une variété du *Plecotus auritus* Linn.

Gen. VESPERUGO Blas.

50. VESPERUGO TEMMINCKII Rüpp.

Vesperugo Temminckii Rüpp. Atl. Nord. Afrika, p. 17, taf. 6.

Makhoüjh. — Rare. — Collines de Gouina; bords du Bakoy, confins du Banbouk.

Gen. SCOTOPHILUS Leach.

51. SCOTOPHILUS NIGRITA Schreb.

Scotophilus nigrita Schreb. Saug., 1, p. 58.
Nycticejus nigrita Temm. Mon., II, p. 147, tab. 47, f. 1, 2.
Vespertilio nigrita E. Geoff. Mém. Hist. Nat., 1802, p. 143.
La Marmotte volante Daubenton, Mém. Ac. Sc. Paris, 1759, p. 388.

Oukendaüjh. — Assez fréquent dans les plaines du Cayor; se rencontre également à Dakar, Rufisque et Joalles.

Le *Scotophilus nigrita,* l'une des plus grosses espèces de la famille, a été découvert au Sénégal par Adanson; il se réfugie, pendant le jour, dans les troncs creux des Baobab.

Il n'est pas possible de le confondre avec le *S. Borbonicus,* auquel M. le Dr Trouessart le rapporte comme variété.

Gen. VESPERTILIO L.

52. VESPERTILIO BOCAGII Peters.

Vespertilio Bocagii Peters Jorn. Lisb., 1870, p. 125.

Rare sur les côtes de Gambie, où l'espèce voltige pendant la nuit, sommet des *Rhizophora.*

INSECTIVORI Cuv.

Fam. ERINACEIDÆ J. G. St-Hil.

Gen. ERINACEUS L.

53. ERINACEUS FRONTALIS A. Smith.

Erinaceus frontalis A. Smith, Sud Afr. Quart. Journ., 1831, 2, p. 29.
— *diadematus* Pr. P. de Wurtemb. Mus. Francfort, et Fitzing. S. B. Akad. Wien., 1867, p. 852.

Seugnelt. — Lieux découverts, dans le haut du fleuve; observé en très petit nombre à Dagana, Podor, Backel.

L'identité des caractères des *Erinaceus frontalis* et *diadematus* nous les fait considérer, avec Hartmann (*Zeit. Ges. Erdkund,* p. 240), comme ne formant qu'une seule espèce. Nous l'inscrivons sous le nom de *frontalis,* cette qualification étant antérieure de trent-six années à celle de *diadematus.*

54. ERINACEUS AURITUS Pall.

Erinaceus auritus Pall. Nov. Comm. Ac. Petrop., XIV, p. 593, pl, 21, f. 4.

Seugnell. — Environs de Saint-Louis, Sorres, tout le Cayor.

Propre à l'Egypte, à la Nubie et à l'Abyssinie, cette espèce est bien connue aussi comme Sénégambienne.

55. ERINACEUS ÆTHIOPICUS Ehrenb.

Erinaceus Æthiopicus Ehrenb. Symb. Phys., Dec. 2.

Seugnell. — Egalement d'Egypte et d'Abyssinie, cet *Erinaceus* vit dans les mêmes localités que l'espèce précédente ; c'est dans les plaines de Cayor qu'on le rencontre le plus fréquemment.

56. ERINACEUS PRUNERI Wagn.

Erinaceus Pruneri Wagn. Schreb. Saug., Supp. II, p. 23, et Dic. Saugth. Supp. VI, p. 587.
— *heterodactylus* Sundev. Stockh. Vet. Akad. Handl., 1841, p. 227.

Seugnell. — Sorres, Leybar, Gandiole, Thionk, — où nous l'avons rencontré, blotti, pendant le jour, sous les branchages secs dont les Nègres entourent leurs plantations.

57. ERINACEUS ADANSONI Rochbr.

Pl. II, fig. 1.

Erinaceus Adansoni Rochbr. Bull. Soc. Phil., Paris, 28 octobre 1882.

E. — SPINIS ACUTISSIMIS, ALBIS, MEDIANITER PALLIDE RUFIS; GASTRÆO, FRONTE, LATERIBUSQUE SETIS LONGIS GRISEIS TECTIS; AURICULIS ROTUNDATO-OVATIS, MEDIOCRIBUS; PEDIBUS CRASSIS 4-DACTYLIS; UNGUIBUS LATIS ALBIDIS.

Piquants faibles, très acérés, blancs à la base et au sommet, d'un fauve pâle au centre; joues, front, côtés et dessous du corps couverts de longs poils roides, gris blanchâtres, un peu teintés de jaune; museau allongé, nu; oreilles ovales, assez courtes, nues; pieds, surtout ceux de derrière, épais, à quatre doigts; ongles larges et blancs.

Longueur totale du corps............. 0,131 millimètres.

Seugnell. — Nous l'avons souvent observé aux environs de Saint-Louis, et les Nègres nous l'ont toujours apporté comme capturé dans les vastes dunes arides de la rive droite du Sénégal, Babagaye, pointe de Barbarie; se trouve aussi au Cap Vert, Joalles, Rufisque, etc.

Cette espèce semble localisée dans les régions sablonneuses comprises entre le fleuve et la côte; pendant le jour, elle se cache, à moitié enfoncée dans le sable, sous quelque touffe de plantes; le soir, elle sort de sa retraite et trotte légèrement, à la recherche de sa nourriture; elle s'attaque de préférence aux innombrables légions de Crabes (*Ocypoda* Fabr. et *Gelasimus* Latr.) répandues dans ces parages.

L'*Erinaceus Pruneri* Wagn., est celui dont le nôtre semble se rapprocher le plus; il en diffère par une taille plus faible, par ses piquants plus longs, plus grêles, non pas annelés de noir, mais de fauve pâle.

Également voisin de l'*E. albiventris* Wagn., regardé par Peters comme un jeune du *Pruneri,* et que nous considérons comme espèce, il en diffère surtout par la coloration des piquants, et surtout par la forme trapue des pieds, très grêles, au contraire, dans l'*albiventris*.

Enfin, la disposition particulière de son museau, très allongé, nu, et presque conique, l'éloigne de tous ses congénères.

Le genre *Erinaceus* a été signalé, pour la première fois, en Sénégambie par Adanson : « Le *Sougneul* ou Hérisson du Sénégal, dit-il, diffère de celui d'Europe, en ce qu'il est plus petit, plus blanchâtre, que son museau est plus allongé, et ne fait pas tant le groin de Cochon; il ne s'engourdit point, mais sort toutes les nuits de l'année. » (*Cours d'Hist. Nat.,* éd. Payer, t. 1, p. 189.) Tout incomplète que soit la description d'Adanson, elle nous paraît se rapporter plus à l'espèce que nous lui dédions, qu'à toute autre des mêmes régions; l'observation de l'illustre Naturaliste s'applique aux divers *Erinaceus* Sénégambiens; nous ne les avons rencontrés engourdis à aucune époque de l'année; c'est à la tombée du jour qu'ils se mettent en mouvement, à la chasse des insectes, dont, l'*E. Adansoni* excepté, ils font leur nourriture presque exclusive. En captivité, ils s'apprivoisent facilement, mangent volontiers du pain, des dattes, etc., qu'on leur présente, mais ils préfèrent à tout les Cancrelats (*Periplaneta Americana* Fisch.), et font une grande destruction de ces hôtes incommodes.

Fam. SORICIDÆ C. Bp.

Gen. CROCIDURA Selys.

58. CROCIDURA SERICEA Wagn.

Crocidura sericea Wagn. Schreb. Saug., V. 1853, p. 557.
Sorex sericeus Sundv. Vet. Akad. Handl. Stock., 1842, p. 171 et 177.

Anakojh. — Podor, Richard-Tol, Bakoy, rives de la Falèmé, — où l'espèce se rencontre assez rarement.

59. CROCIDURA CRASSICAUDA Wagn.

Crocidura crassicauda Wagn. Schreb. Saug., V. 1853, p. 554.
Sorex sericeus Sundw. Vet. Akad. Handl. stock., 1842, p. 176 et 178.

Anakojh. — Habite les mêmes localités que l'espèce précédente; — il est, également, rare.

Ces deux espèces sont confondues par certains Naturalistes; le Dr Trouessart, entre autres, fait de cette dernière une variété du *C. sericea* (*Rev. et Mag. zool.*, 1879, p. 250). Nous croyons devoir nous ranger à l'opinion de Duvernoy et de I. Geoffroy, dont on se plaît souvent à discuter les espèces sans apporter de preuves, et qui, connaissant les deux types, les ont parfaitement distingués.

60. CROCIDURA VIARIA Rochbr.

Pl. II, fig. 2.

Crocidura viaria Rochbr. in Mus., Paris.
Sorex viarius I. Geoff. Voy. Bellanger, Zool., 1831, p. 127.

Anakojh. — Richard-Tol, Tionk, Dakar-Bango.

Le *Crocidura viaria,* découvert au Sénégal par Perrottet, a été décrit par I. Geoffroy (*loc. cit.*). Son pelage est, en dessus, d'un fauve isabelle très clair; les flancs sont gris brun; le ventre est d'une teinte plus pâle; les oreilles, grandes, ne sont pas cachées par les poils; la queue, épaisse, arrondie à la base, devient comprimée dans son dernier tiers; elle est garnie de longues soies brunes, dirigées obliquement.

Sa longueur, du bout du museau à l'origine de la queue, est de $0{,}082^{mm}$; la queue mesure $0{,}045^{mm}$; les oreilles, larges de $0{,}009^{mm}$ à la base, ressortent de $0{,}005^{mm}$.

Nous figurons le type même de Perrottet. Le Dr Trouessart fait de cette espèce une variété du *S. cyaneus* Duvern.; celle-ci est d'un bleu cendré d'ardoise en dessus, plus pâle en dessous; sa queue est mince, égalant à peine les 2/3 du corps. Ces caractères sont suffisants pour maintenir la séparation des deux types.

Comme l'a observé Perrottet (I. Geoff., *loc. cit.*), le *Crocidura viaria* se trouve ordinairement dans les sentiers battus, et se cache sous les racines de certains arbres; il pénètre accidentellement dans les cases.

Les autres Musaraignes plus grandes, citées également par Perrottet, nous paraissent appartenir aux *C. sericea* et *crassicauda.*

61. CROCIDURA OCCIDENTALIS Puch.

Crocidura occidentalis Puch., Arch. Mus., Paris, t. X, 1861, p. 124, pl. XII, f. 1, 2.
Pachyura occidentalis Puch., Rev. et Mag. Zool., 1855, p. 154.

Gnangogo. — Découvert au Gabon, par M. Aubry Lecomte, le *Crocidura occidentalis* remonte jusqu'en Gambie et sur les rives de lá Casamence. — L'espèce n'est pas rare dans les environs de Gilfré, où elle se cache sous les racines des *Ficus*.

Gen. CROSSOPUS Ander.

62. CROSSOPUS NASUTUS Rochbr.

Pl. II, fig. 3.

Crossopus nasutus Rochbr., Bull. Soc. Phil., 28 octobre 1882.

C. — SUPRA FULVIDO-RUFESCENS, SUBTUS GRISEUS : AURICULIS SUBABSCONDITIS, NUDIS ; ROSTRO PRELONGO ; CAUDA COMPRESSIUSCULA, FERE 3/4 CORPORIS LONGITUDINE.

Toutes les régions supérieures sont d'un brun fauve pâle à reflets rougeâtres ; le ventre est gris ; la queue, faiblement comprimée dans sa dernière moitié, égale environ les 3/4 de la longueur du corps ; les oreilles, nues, font légèrement saillie ; le museau, brun, est mince, allongé, très proéminent.

Cette espèce mesure 0,055^{mm} du bout du museau à l'origine de la queue ; celle-ci compte 0,038^{mm}.

Gmanga. — Elle se rencontre avec l'espèce précédente.

Le type que nous possédons est identique à celui des Galeries du Muséum, étiqueté *Sorex æquatorialis* Puch. Il serait inutile d'insister sur les différences fondamentales qui l'en distinguent : le *Crocidura æquatorialis* Puch., très voisin de l'*occidentalis*

Puch., indépendamment de sa coloration, est d'une taille relativement considérable, comparé à l'espèce que nous proposons, sa longueur étant de 0,093mm et celle de la queue de 0,057mm.

Le fait important à établir, c'est qu'il appartient à une autre division des *Soricidæ*. La coloration rouge des dents à leur pointe, la présence de quatre petites dents intermédiaires à la grande incisive et à la première vraie molaire (P. Gervais, *Hist. Nat. Mamm.*, t. 1, p. 244), indiquent, nettement, sa place parmi les *Crossopus*.

C'est la première fois qu'un type de ce groupe est, croyons-nous, signalé sur le continent Africain.

Nous ne voyons aucune espèce à laquelle la nôtre puisse être comparée. Le *S. gracilis* Blainv. semble s'en rapprocher par la couleur du pelage, mais il en diffère par la grandeur des oreilles; de plus, il fait partie d'un autre groupe.

GLIRINI Erxl.

Fam. ANOMALURIDÆ Waterh.

Gen. ANOMALURUS Waterh.

63. ANOMALURUS FRASERI Waterh.

Anomalurus Fraseri Waterh. P. Z. S. of Lond., 1842, p. 124.
Pteromys Derbyanus Gray, Ann. N. H., 1842, 10, p. 262.

Gnamayufl. — Bords de la Gambie et de la Casamence.

Cité, pour la première fois, comme originaire de Fernando-Po, cet Anomalure a été, depuis, découvert en Gambie; on le rencontre par couples isolés, assez rarement du reste. Le Professeur P. Gervais (*H. N. Mamm.,* t. 1, p. 356), donne, sur cet animal, certains détails de mœurs empruntés à Fraser (Waterh., *loc. cit.*, p. 127) : « Les écailles sous-caudales, que ce genre présente seul, dit-il, sont disposées de manière à arc-bouter l'animal contre les écorces des arbres, lorsqu'il s'arrête dans sa course, le long du tronc ou sur les branches les plus verticales. » Nous ne pensons pas que ces écailles soient destinées à cette fonction.

L'action de grimper s'effectue avec une assez grande rapidité, et dans le mouvement ascensionnel, la queue est fortement relevée sur le dos, « à la façon des Ecureuils ». D'après Fraser lui-même, quand l'animal s'arrête, soit au moindre bruit, soit sous l'influence d'une préoccupation quelconque, le corps s'infléchit en avant et s'applique sur la branche, sans que la région sous-caudale participe à ce contact.

P. Gervais signale, avec justesse, les caractères particuliers de l'omoplate et du squelette des membres antérieurs, dénotant une aptitude pour grimper portée à un degré supérieur à tout ce qu'on connaît chez les autres rongeurs; dès lors, même en acceptant pour vraie l'opinion de Fraser, on ne peut s'empêcher de voir, dans les plaques sous-caudales, un organe dont le secours devient tout au moins secondaire pendant la progression de l'animal. Ne seraient-elles pas, plutôt, destinées à jouer un certain rôle pendant l'acte génésique?

64. ANOMALURUS BEECROFTII Fras.

Anomalurus Beecroftii Fraser, P. Z. S. of Lond., 1852, p. 17, pl. XXXII.

Gnamayufl. — Découverte également à Fernando-Po, cette espèce, comme la précédente, se rencontre en Gambie et en Casamence, — où elle est rare.

Fam. SCIURIDÆ Waterh.

Gen. SCIURUS Linn.

65. SCIURUS GAMBIANUS Ogilby

Sciurus Gambianus Ogilby, P. Z. S. of Lond., 1855, p. 103.
— *rufobrachiatus* Waterh. P. Z. S. of Lond., 1842, p. 128, et Huet. N. Arch. Mus. 1840, p. 144.

Seleuhotjh. — Forêts de la Gambie et de la Casamence; — assez commun.

A l'exemple de notre collègue M. Huet, et suivant l'opinion de M. le Professeur A. Milne Edwards, établie sur l'examen d'une suite nombreuse d'exemplaires de *Sciurus rufobrachiatus,* nous considérons le *S. Gambianus* comme faisant avec lui une seule et même espèce. Cette même raison nous fait l'inscrire sous le nom de *Gambianus* Ogilby, nom antérieur à celui de *rufobrachiatus* Waterh.

66. SCIURUS MACULATUS Temm.

Sciurus maculatus Temm. Esq. Zool. Guinée, 1853, p. 130.

Seleuhotjh. — Cayor, Joalles, Rufisque, — où l'espèce, assez commune, se tient de préférence dans les broussailles et les arbres peu élevés des plaines longeant le littoral.

Nous croyons devoir distinguer le *Sciurus maculatus* du *S. rufobrachiatus;* indépendamment de sa coloration, exactement donnée par Temminck et identique chez les adultes et les jeunes, il diffère du type de la Gambie par quelques-unes de ses dimensions : la longueur de la queue, notamment, est de 0,286 ^{mm}, tandis qu'elle atteint seulement 0,250 ^{mm}. chez le *S. rufobrachiatus.*

C'est à lui, sans doute, qu'il faut rapporter le Rat palmiste (Ecureuil) observé par Golbery, dans la vallée de Gagnack, sur la côte, entre Saint-Louis et le Cap-Vert. « Ce petit Ecureuil, dit-il, est tout à fait noir, son poil, long et fin, est aussi brillant que celui des beaux Renards noirs de Sibérie (Golbery, t. II, p. 46).

67. SCIURUS ANNULATUS Desm.

Sciurus annulatus Desm. Mamm., 1820, p. 338.
— Huet. N. Arch. Mus., 1880, p. 150.

Seleuhotjh. — Commun à Lampsar, Bakel, Podor, Saldé, — où il est connu des Européens sous le nom de Rat palmiste.

M. Huet l'indique, dans sa monographie, comme provenant du Sénégal, de la Guinée et de Fernando-Po.

68. SCIURUS ERYTHROGENYS Waterh.

Sciurus erythrogenys Waterh. P. Z. S. of Lond., 1842, p. 129.
— Huet, N. Arch. Mus., 1880, p. 155.

Seleuhotjh. — Assez commun dans les forêts des bords de la Gambie et de la Casamence.

D'après M. Huet, le *S. leucostigma* Temm. serait un jeune de cette espèce.

Gen. XERUS Hempr. et Ehrenb.

69. XERUS CONGICUS Kuhl

Xerus congicus Kuhl. Beit. Zool., 1820, 2e part., p. 66.
— Huet, N. Arch. Mus., 1880, p. 135.

Gaskajh. — Gambie, Casamence; remonte, en suivant la côte, où il se rencontre plus rarement, dans les parages de Rufisque et du Cap-Vert.

70. XERUS ERYTHROPUS E. Geoff.

Xerus erythropus E. Geoff. et F. Cuv. Mam. lith., 1829.
Xerus leucumbrinus Rüpp. Neue. Wirb. Abyss., 1835, p. 37.
— Huet, N. Arch. Mus., 1880, p. 134.

Gaskajh — Cayor, Gandiole, Leybar, environs de Saint-Louis, — où l'espèce est assez commune.

C'est le véritable Ecureuil fouisseur, bien connu des Européens ayant séjourné en Sénégambie; on le rencontre rarement sur les arbres, et c'est toujours sur les branches les plus basses qu'il se tient de préférence, à portée de son terrier, creusé généralement entre les racines, à une assez grande profondeur; il se nourrit de fruits, qu'il a soin d'emmagasiner pour s'en servir pendant la saison sèche.

71. XERUS RUTILUS Rüpp.

Xerus rutilus Rüpp. Atl. Nord Afrika, 1826-1830, p. 59, pl. 24.
— Huet, N. Arch. Mus., 1880, p. 138.

Gaskajh. — Haut du fleuve, Bakel, Podor, lisière de la forêt de Kita, Saldé.

Cette espèce Abyssinienne nous a été apportée de Saldé par le capitaine Daboville. Le spécimen que nous avons possédé vivant, ne différait du type de Rüppell que par une teinte générale plus sombre.

Fam. MYOXIDÆ Wagn.

Gen. GRAPHIURUS F. Cuv. et E. Geoff.

72. GRAPHIURUS MURINUS Desm.

Graphiurus murinus Desm. Mam. Suppl., 1882, p. 542.

Diadjia. — Dakar-Bango, Sorres, Thionk, Jardin de Dakar; — se tient dans les petits arbres, et notamment les Goyaviers *(Psidium pyriferum* Lin.), dont il mange les fruits.

Nous considérons comme appartenant au *G. murinus,* type de Desmarest, les individus de très petite taille, à ventre entièrement blanc, vus par I. Geoffroy Saint-Hilaire, et qu'il était tenté de considérer comme une espèce distincte (*Dict. Class. H. N.*, 1826, vol. IX, p. 485); et nous réservons le nom de *G. Coupei* F. Cuv. à l'espèce suivante, dont les caractères nous paraissent assez tranchés pour autoriser sa distinction.

73. GRAPHIURUS COUPEI F. Cuv.

Graphiurus Coupei F. Cuv. Mam. lith., liv. 37.

Diadjia. — Assez commun. — Vit dans les mêmes régions que l'espèce précédente.

L'aire d'habitat des *G. murinus* et *Coupeii* s'étend de l'Abyssinie à toute la Sénégambie, au Cap de Bonne-Espérance et au Mozambique.

74. GRAPHIURUS HUETI Rochbr.

Pl. III, fig. 1.

Graphiurus Hueti Rochbr. Bull. Soc. Phil. Paris, 28 octobre 1882.

G. — SUPRA RUFO-ISABELLINUS; LATERIBUS LUTEO-GRISEIS; ABDOMINE MURINO-ALBESCENTE; CAUDA DISTICHA, LATA, FULVA, PEDIBUS RUFESCENTIBUS.

Toutes les parties supérieures sont d'un roux isabelle, plus foncé sur la ligne dorsale, rougeâtre entre les yeux; les joues ont une teinte jaune grisâtre; cette teinte règne sur les flancs, et devient d'un blanc faiblement ardoisé sous le ventre; les poils ont une couleur roussâtre; la queue, très aplatie, large, à poils rudes, est d'un fauve foncé en dessus, plus pâle en dessous.

Longueur du bout du museau à l'origine de la queue.	0,150	millimètres.
Longueur de la queue...........................	0,170	—

Diadjia. — Environs de Saint-Louis, Sorres; s'observe plus rarement en Gambie; paraît exister également dans le haut du fleuve.

Ce *Graphiurus*, que nous dédions à notre collègue M. Huet, qui l'a examiné avec nous, est bien distinct du *G. Coupeii :* non seulement par sa coloration, mais aussi par ses dimensions, de beaucoup plus grandes; ce dernier, en effet, mesure 0,092^{mm} de long, du bout du museau à l'origine de la queue; celle-ci ne dépasse pas 0,097^{mm}.

75. GRAPHIURUS CAPENSIS F. Cuv. et E. Geoff.

Graphiurus Capensis F. Cuv. et E. Geoff. Mam. lith., liv. 60.
Myoxus ocularis Smith. Zool. Journ., IV, p. 439.

Mêmes localités que les autres espèces, — mais peu commun.

L'Afrique Sud et l'Afrique Australe possèdent cette espèce en commun avec la Sénégambie.

Fam. **GERBILLIDÆ** Alst.

Gen. **GERBILLUS** Desm.

76. GERBILLUS ÆGYPTIUS Desm.

Gerbillus Ægyptius Desm. Nouv. Dict. Hist. Nat., 1804, t. XXIV, p. 22.

Dianabam. — Peu commun. — Plaines sablonneuses de la rive droite du Sénégal; Cayor, Saldé.

77. GERBILLUS PYGARGUS F. Cuv.

Gerbillus pygargus F. Cuv. T. Z. S. of Lond., 1841, t. II, p. 142.
Meriones gerbillus, Rüpp. Atl. Nord Afrika, 1826, p. 75, taf. 30, f. *b*.

Dianabam. — Mêmes régions que l'espèce précédente.

Le *Gerbillus pygargus,* comme le *G. Ægyptius,* se rencontre aussi en Egypte, en Nubie et en Abyssinie; mais, bien que le *G. pygargus* soit regardé comme identique au *G. Ægyptius,* notamment par M. le Dr Trouessart (*Bull. Soc. Etud. Scient. Angers,* 1881, p. 107), les différences qu'ils présentent nous engagent à les séparer.

La Gerbille d'Egypte, dit Desmarets (*loc. cit.*), est seulement de la taille d'une Souris, fauve en dessus et jaune en dessous; sa queue est brune.

Au contraire, l'espèce de F. Cuvier mesure 0,140^{mm}, taille de beaucoup supérieure à celle d'une Souris; sa queue atteint 0,163^{mm}; la couleur du pelage est fauve clair en dessus, d'un blanc pur en dessous. Quant au *Meriones gerbillus* de Rüppell, rien ne le distingue du *G. pygargus;* les teintes du pelage, les dimensions, sont identiquement les mêmes.

78. GERBILLUS LONGICAUDUS Wagn.

Gerbillus longicaudus Wagn. Schreb. Saug., 1843, III, p. 477.

Dianabam. — Assez rare. — Forêts de Gommiers des Maures Tarzas; s'étend dans les régions désertes du littoral, en remontant vers le Cap Mirik.

79. GERBILLUS BURTONI F. Cuv.

Gerbillus Burtoni F. Cuv. T. Z. S. of Lond., 1836, 2 p. 1845, pl. 22, 23.

Dianabam. — Se rencontre dans les mêmes localités que l'espèce précédente, — mais en petit nombre.

Gen. RHOMBOMYS Wagn.

80. RHOMBOMYS PYRAMIDUM E. Geoff.

Rhombomys pyramidum E. Geoff. et I. Geoff., Dict. Class. H. N., 1825, t. 7, p. 321.

Dianabam. — Observé assez fréquemment dans le haut fleuve, plateaux de Kita et toute la ligne de sables du pays des Maures, rive droite du Sénégal.

Gen. PSAMMOMYS Rüpp.

81 PSAMMOMYS OBESUS Rüpp.

Psammomys obesus Rüpp. Atl. Nord. Afrika, 1826, p. 50, pl. 22.

Dianabam. — Cette espèce vit réunie par couples; elle habite avec la précédente

Nous devons à notre excellent confrère, M. le Dr Collin, la connaissance de ces deux espèces, désignées par les Européens sous le nom de Rats sauteurs ou de Gerboises.

Fam. DENDROMYDÆ Alst.

Gen. DENDROMYS A. Smith.

82. DENDROMYS MYSTACALIS Heugl.

Dendromys mystacalis Heuglin Verhand. Leop. Car. Akad., 1868, 30, p. 5.

Dianaguen. — Environs de Kita; forêts de Gommiers du pays des Maures; Saldé, — où il est rare, et dont le capitaine Daboville nous en a rapporté un exemplaire.

Fam. CRICETIDÆ Alst.

Gen. CRICETOMYS Waterh.

83. CRICETOMYS GAMBIANUS Waterh.

Cricetomys Gambianus Waterh. P. Z. S. of Lond., 1840, p. 2.

Simpogoh. — Rare. — Bords de la Gambie et de la Casamence; voisinage d'Albréda; environs de Lampsar, — où il a été rencontré accidentellement.

Fam. MURIDÆ Alst.

Gen. EPIMYS Trouess.

84. EPIMYS DECUMANUS Trouess,

Epimys decumanus Trouess. Bull. Soc. Et. Scient. Angers, 1881, p. 117.
Mus decumanus Pall. Nov. Sp. Glir., 1778, p. 91.

Guenho. — Commun dans toute la Sénégambie.

85. EPIMYS RATTUS Trouess.

Epimys rattus Trouess. Bull. Soc. Etud. Scient. Angers, 1881, p. 119.
Mus rattus Linn. Syst. Nat., 1766, t. 1, p. 79.

Guenho. — Habite toute la Sénégambie, mais en moins grand nombre que le *decumanus*.

86. EPIMYS LEUCOSTERNUM Rüpp.

Epimys leucosternum Rüpp. Mus. Senck., 3, p. 108, pl. 6, f. 2.

Guenho. — Champs du haut du fleuve Podor, Dagana, Bakel, — où il est rare.

Gen. **ISOMYS** Sundev.

87. ISOMYS VARIEGATUS E. Geoff.

Isomys variegatus E. Geoff. Descr. Egyp. 5, f. 2.

Guenho. — Haut du fleuve, Bakel, Dagana, Kita, Falémè et les régions limitrophes, — où l'espèce est assez rare.

Gen. **LEMNISCOMYS** Trouess.

88. LEMNISCOMYS BARBARUS Trouess.

Lemniscomys barbarus Trouess. Bull. Soc. Etud. Scient., Angers, 1881, p. 465.
Mus barbarus Linn. Syst. Nat., 1766, 1. par. 2 add.

Guenho. — Assez commun dans les mêmes localités que l'*Isomys variegatus*.

89. LEMNISCOMYS LINEATUS E. Geoff.

Lemniscomys lineatus E. Geoff. Mamm. Lith., 1829, liv. 61.
— *pumilio* Smith. Ill. Zool. Sud. Afrika, pl. 46, f. 1.

Guenho. — Assez commun. — Dakar-Bango, Thionk, Babagaye, et le haut du fleuve, à Podor; etc.

Gen. **MUS** Lin.

90. MUS MUSCULUS Lin.

Mus musculus Lin. Syst. Nat., 1766, p. 83.

Guenhotout. — Toute la Sénégambie ; habite les cases et les magasins de provisions.

Cette espèce, des plus communes, diffère de notre Souris par une coloration plus foncée de tout le pelage. Aucun caractère important, du reste, ne permet de la différencier de sa congénère d'Europe.

91. MUS GALANUS Heugl.

Mus Galanus Heuglin, Reise Nordost Afrik., 1876, 2, p. 73.

Guenhotout. — Pays de Galam, Cayor, — où il est rare. — On l'observe plus particulièrement dans les lieux cultivés, et notamment dans les champs de Cotoniers.

Gen. ACOMYS Is. Geoff.

92. ACOMYS DIMIDIATUS Rüpp.

Acomys dimidiatus Rüpp. Atl. Nord. Afrika, 1826, p. 37, pl. 13, f. *a*.

Guenho. — Assez rare. — Thionk, Leybar ; rencontré une seule fois à Dakar-Bango ; plus commun sur la rive droite et dans la région des Gommiers.

Fam. SPALACIDÆ Alst.

Gen. TACHYORICTES Rüpp.

93. TACHYORICTES MACROCEPHALUS Rüpp.

Tachyorictes macrocephalus Rüpp. Mus. Senek., 1834, 3, p. 115,

Environs de Kita, collines ferrugineuses.

Cette espèce Abyssinienne a été découverte en Sénégambie par M. le Dr Collin ; elle est des plus communes, nous dit-il, dans les environs de Kita, où elle habite les crevasses des rochers et les pentes sablonneuses des collines boisées ; les Européens la désignent sous le nom de Marmotte.

Fam. ECHINOMYDÆ Alst.

Gen. AULACODUS W. Swind.

94. AULACODUS SWINDERIANUS Temm.

Pl. III, fig. 2.

Aulacodus Swinderianus Temm. Mon. Mam. 1, 1827, p. 245, pl. 25 (Juv.)
— Waterh. Mamm., t. II, p. 356, pl. 16, f. 2.

Volimpogo. — Côte de la Gambie, Casamence. — Un exemplaire du Muséum a été rapporté du Fouta-Djalon par Heudelot.

Les couleurs du pelage de cet animal, telles qu'elles sont données par les auteurs, diffèrent assez de nos spécimens et surtout de celui du Fouta-Djalon, pour que nous les décrivions comparativement.

D'après Temminck (*Esq. Zool. Guinée,* 1853, p. 170) « tous les » poils portent des annelures noires et rousses, qui alternent ; il » s'en suit que les couleurs de la robe offrent un mélange de ces » deux teintes; mais la base des poils, ainsi que leur face interne, » sont d'une teinte blanchâtre ; le ventre est couvert de poils » blanchâtres annelés de brun ; ceux du museau, de la partie in- » férieure des joues, de la gorge et de l'abdomen, sont d'un » blanc pur; en dessous la queue est noire, et roussâtre en » dessus. »

La description de Waterhouse (*H. N. Mam.,* 1848, p. 356, t. II), est à peu près calquée sur celle de Temminck.

P. Gervais se contente de dire (*H. N. Mamm.,* 1854, p, 335, t. I) : « C'est un animal de couleur brune. »

Chez l'exemplaire de Heudelot, les poils que nous figurons blancs à la base, bruns au milieu, sont fauve doré à la pointe; par suite de cette disposition, toutes les parties supérieures paraissent d'un brun doré passant au rouge brun éclatant sur le dos et la croupe ; cette coloration pâlit sur les flancs ; le dessous est d'un gris cendré blanchâtre, ainsi que la gorge, les côtés du nez et les angles de la mâchoire inférieure; la queue, courte et faible relativement à la taille de l'animal, est peu garnie de poils; elle est fauve en dessus avec des reflets dorés et grisâtres en dessous.

Cette distribution de teintes correspond aux *A. aureus* Kaup, et *variegatus* Pictet, qui ne peuvent être spécifiquement séparés du véritable *A. Swinderianus* Temm.

Les dimensions de l'animal semblent varier comme ses couleurs; Temminck donne à l'adulte une longueur totale de 0,676^{mm}, et 0,182^{mm} pour la queue; les individus étudiés par Waterhouse mesuraient, du bout du museau à l'origine de la queue, de 0,500 à 0,525^{mm}; la queue variait de 0,137 à 0,212.

Chez l'individu rapporté par Heudelot, la longueur égale 0,610, celle de la queue 0,180.

Il est bon d'observer que les poils déprimés et rainurés (Temminck, *loc cit.*) sont convexes en dessous, plats en dessus; que la rainure ne dépasse pas le premier tiers de la longueur totale; et que leur pointe est flexible, aiguë, mais très peu résistante et non pas « piquante » (Temminck, *loc. cit.*); leur dimension moyenne est de 0,032, sur 1/3 de millimètre environ de largeur.

Fam. **HYSTRICIDÆ** F. Cuv.

Gen. **ATHERURA** G. Cuv.

95. ATHERURA AFRICANA Gray.

Atherura Africana Gray, Ann. Nat. Hist., 1842, p. 261.

N'Got N'Ga. — Casamence, Gambie; se rencontre dans les oasis des environs d'Albréda, sur le vaste plateau sablonneux qui s'étend de cette localité dans la direction de l'Ouest; mais il est plus fréquent vers le Sud, dans les parages de Zekinchor.

96. ATHERURA ARMATA P. Gerv.

Pl. IV, fig. 1, 2.

Atherura armata P. Gervais, Hist. Nat. Mamm., 1854, t. I, p. 333.

N'Got N'Ga. — Mêmes localités que l'espèce précédente.

L'Atherura armata, décrit par le Professeur P. Gervais, et qui, croyons-nous, n'a point été figuré, est parfaitement distinct de l'*Africana*. Nous reproduisons *in extenso* la description que P. Gervais a donnée de cet animal :

« Dans cet Atherure, les piquants sont bruns, aplatis, rudes en » dessous et *ciliés latéralement;* ceux des lombes sont plus longs » que ceux du dos et des flancs; quelques-uns dépassent de beau- » coup les autres, et deviennent ainsi des armes offensives fort » redoutables, parce qu'ils forment de longues tiges épineuses, » roides et pointues, qui s'élèvent au-dessus du corps dans plu- » sieurs directions; ces épines sont, en outre, *finement dentées* » *en scie sur leurs bords;* les piquants de la tête sont courts et » semblables à des poils roides; les moustaches sont fortes et » longues; enfin, la queue se termine par un bouquet de tubes » secs et cornés, présentant, sur leur trajet, plusieurs renfle- » ments bulbeux. »

La couleur des piquants (fig. 2) est d'un blanc un peu jaunâtre dans leur première moitié; les membres sont d'un brun noirâtre; les côtés de la tête ont leurs piquants teintés de blanc jaunâtre; tout le dessous est de cette même couleur; les flancs portent une large tache également blanc jaunâtre; les pattes sont noirâtres, les ongles bruns. La queue, dans le premier quart de sa longueur, est entourée de forts piquants, noirs en dessus, blancs jaunâtres en dessous et sur les côtés; un espace brun écailleux, portant de rares poils noirs se montre ensuite; ces poils augmentent de longueur vers l'extrémité de l'organe et se convertissent peu à peu en tubes cornés, blancs et moniliformes, formant le bouquet terminal précédemment signalé.

Nous représentons sur notre planche IV le type même de P. Gervais.

Gen. HYSTRIX Lin.

97. HYSTRIX CRISTATA Lin.

Hystrix cristata Lin. Syst. Nat., 1766, p. 76.

Dionkop. — Tout le Cayor, le Oualo. — Commun sur la rive droite du Sénégal, aux confins des forêts de Gommiers de Sahel, Alfatak, etc.

La comparaison de nos exemplaires avec des individus provenant d'Algérie et de Sicile, l'étude des têtes osseuses, au nombre desquelles nous comprenons celle rapportée du Sénégal par Perrottet (*Gal. Anat. Comp. Mus.*), ne nous ont montré aucune différence propre à les séparer spécifiquement.

98. HISTRIX SENEGALICA F. Cuv.

Hystrix Senegalica F. Cuvier, Mém. Mus., 1832, t. IX, p. 430.
— *Afrikæ australis* Peters, Reis. Moss. Saug. 1852, p. 170, pl. 32, f. 6, 7.

Dionkhop. — Mêmes localités que l'espèce précédente; Gambie, plaines d'Albréda.

L'*Hystrix Senegalica* de F. Cuvier est regardé avec raison, par la plupart des Mammalogistes, comme identique avec l'*H. Afrikæ australis*, de Peters; aussi, loin de suivre l'exemple de M. le Dr Trouessart, qui adopte le nom de Peters (*Bull. Soc. Etud. Scient. Angers,* 1881, p. 187), nous l'inscrivons en synonymie, ce nom étant postérieur de trente ans à celui de F. Cuvier.

Fam. LEPORIDÆ Gray.

Gen. LEPUS Lin.

99. LEPUS ÆGYPTIUS E. Geoff.

Lepus Ægyptius E. Geoff. Hist. Nat. Egyp., 1812, Mamm., t. II, p. 739, pl. 6, f. 2.

Leugoua. — Commun. — Cayor, Oualo, Leybar, Thionk, Sorres, etc.

C'est à cette espèce qu'il faut rapporter le Lièvre décrit par

Adanson (*Voy. au Sénégal,* p. 25) : « Le Lièvre de Sorres, dit-il, » n'est pas tout à fait celui de France, il est un peu moins gros, » et tient, pour la couleur, du Lièvre et du Lapin. Il semble que » sa chair le rapproche davantage de ce dernier. »

100. LEPUS ISABELLINUS Rüpp.

Lepus isabellinus Rüpp. Atl. Nord. Afrika, 1826, p. 52, pl. 20.

Leugoua. — Habite les mêmes régions que le *L. Ægyptiacus,* — où il est cependant moins commun.

Gen. CUNICULUS P. Gerv.

101. CUNICULUS SENEGALENSIS Rochbr.

Cuniculus Senegalensis Rochbr. Notes Mnscr.

Ibobäjh. — Lieux sablonneux. — Commun dans le Cayor et le Oualo, dunes de la rive droite du Sénégal.

Le Lapin existe bien positivement en Sénégambie ; Adanson n'a point omis de le citer, et un grand nombre d'auteurs considèrent même notre Lapin sauvage de France comme originaire de cette contrée. Sans insister sur cette opinion, que nous ne partageons pas, nous croyons devoir dénommer spécifiquement le type du Sénégal.

Adanson (*Cours d'Hist. Nat.,* édit. Payer, 1845, t. I, p. 184) lui donne un pelage roux ; en réalité, il est d'une teinte gris brunâtre, roussâtre en dessous et aux membres, un peu plus petit que le *C. cuniculus* de France ; il se rapproche du *C. arenarius* Geoff.

Il vit par couples dans les terriers qu'il se creuse au milieu des terrains sablonneux. Ses mœurs sont analogues à celles de notre Lapin sauvage.

102. CUNICULUS DOMESTICUS P. Gerv.

Cuniculus domesticus P. Gerv., Hist. Nat. Mamm., 1854, t. I, p. 286.

Les Lapins domestiques que l'on rencontre au Sénégal, où ils sont du reste en petit nombre, y ont été introduits par les Européens et sont élevés seulement par eux; ils appartiennent aux races plus ou moins croisées, si communes en France.

Nous ne connaissons pas d'exemples où, abandonnés à eux-mêmes, ils soient devenus sauvages. Comme pour tous les animaux domestiques en général, il est difficile de préciser l'espèce ou les espèces souches; nous les croyons multiples; dans tous les cas, nous nous rangeons à l'opinion du Professeur P. Gervais (*loc. cit.*), tendant à voir dans le Lapin sauvage et le Lapin domestique deux types parfaitement tranchés.

MESALLANTOIDEI H. M. Edw.

CARNIVORI Cuv.

Fam. FELIDÆ Wagn.

Gen. LEO Gray.

103. LEO GAMBIANUS Gray.

Leo Gambianus Gray, Cat. Mamm. Brit. Mus., 1843, p. 40.
Felis Senegalensis Fisch. (non Lesson) Syn. Mamm., 1829, p. 197.
Lion du Sénégal F. Cuv. et Geoff Mamm. Lith., liv. 9.
Leo nobilis Gray, P. Z. S. of Lond., 1867, p. 263.

Guindé. — Commun dans toute la Sénégambie. — Podor-Dagana, Bakel, Kita, Gambie, Casamence; descend souvent dans les environs de Saint-Louis, Thionk, Leybar, Dakar-Bango.

« Les Lions, dit le Professeur P. Gervais (*H. N. Mamm.*, t. II, » p. 81), sont répandus dans toute l'Afrique; la persistance de » taches ombrées chez ceux de la Sénégambie, et plusieurs autres » caractères encore, ont engagé certains auteurs à admettre qu'il » y a diverses espèces parmi ces animaux. »

Partisan de cette manière de voir, nous chercherons à l'étayer par quelques preuves.

Dans sa monographie des *Felidæ,* Temminck (p. 85) distingue le Lion du Sénégal du Lion de Barbarie : par son pelage, d'une teinte plus jaunâtre et plus brillante; par une crinière moins épaisse et moins longue; par le manque total de longs poils à la ligne médiane du ventre et aux jambes; cette crinière est plus courte, toute fauve, sans mèches de poils noirs; elle est moins étendue sur le garot et aux épaules; sa taille est aussi plus petite.

Ajoutons à cette description les taches ombrées dont parle P. Gervais, taches arrondies, d'un brun brillant, disposées plus particulièrement sur les membres, les fesses, les côtés de l'abdomen, et que l'on ne rencontre pas chez le Lion de Barbarie.

La comparaison des têtes osseuses fournit des caractères différentiels encore plus accusés.

Chez le Lion de Barbarie, mâle et adulte, le crâne, vu d'en haut, se montre sous une forme lozangique; l'étroitesse de la boîte encéphalique est considérable; la crête occipitale énorme, le front fortement aplati; les apophyses zygomatiques, larges, s'écartent d'une manière exagérée et forment un angle franchement aigu; l'ouverture nasale est relativement étroite; les lobes de la première molaire sont obtus, à peine séparés; ceux de la carnassière, écartés, à angles obtus, un peu mousses à leur sommet.

Dans le Lion du Sénégal, le crâne est ovoïde; la boîte encéphalique est relativement large, la crête occipitale peu accusée, le front bombé; les apophyses zygomatiques, peu écartées, sont faibles et dirigées suivant une ligne courbe; l'ouverture nasale est large; les lobes de la première molaire, écartés; le médian droit, aigu et tranchant; ceux de la carnassière, séparés par un angle aigu, se terminent en pointe acérée.

Ces différences, établies sur cinq têtes de l'un et l'autre type, peuvent être résumées dans le tableau suivant, dont les chiffres doivent être pris comme moyenne :

DÉSIGNATION DES MESURES		LION DE L'ATLAS	LION DU SÉNÉGAL
LONGUEUR totale de la tête		360	297
DIAMÈTRES	Bizygomatique	270	181
	Bimaxillaire	126	102
OCCIPITAL	Hauteur	44	37
	Largeur	62	58
	Hauteur de la crête	44	26
NEZ	Largeur	51	59
FACE	Longueur totale	140	121
1re MOLAIRE	Hauteur	14	17
	Largeur	24	21
CARNASSIÈRE	Hauteur	19	22
	Largeur	39	31

Tous ces caractères suffisent pour séparer les deux types; aussi inscrivons-nous comme espèce : le Lion du Sénégal.

Gen. **LEOPARDUS** Gray.

104. LEOPARDUS PARDUS Gray.

Leopardus pardus Gray, P. Z. S. of Lond., 1867, p. 263.
Felis Leopardus Schreb. Saüght., p. 387, 5, t. 101.
— Cuv. Ann. Mus., XIV, p. 148.
— Temm. Monogr., p. 92, t. 9, f. 1, 2.

Ségué. — Commun dans toute la Sénégambie, mais surtout dans les forêts du haut fleuve : Podor, Saldé, Dagana, Médine, Bakel, et sur les rivières Gambie et Casamence.

Gray, à l'exemple d'un certain nombre de Mammalogistes, a réuni sous une même appellation le Léopard et la Panthère, tandis que d'autres continuent à les distinguer spécifiquement. Parmi ces derniers, Temminck nous paraît être le seul qui en ait donné les véritables caractères distinctifs.

« Extérieurement, le Léopard est d'un fauve clair, avec six à dix rangées de taches noires en forme de roses n'ayant jamais plus de 0,040 à 0,041 mm de diamètre; la longueur de la queue égale seulement celle du corps; son extrémité aboutit aux épaules (Temminck, *loc. cit.*, p. 92).

» La Panthère est beaucoup plus petite que le Léopard; son pelage est d'un fauve jaunâtre foncé, avec de nombreuses taches en rose, très rapprochées, ayant au plus de 0,027 à 0,030 mm; la queue égale la longueur du corps et de la tête; son extrémité atteint le bout du museau (Temminck, *loc. cit.*, p. 99).

» En outre, le crâne de la Panthère est plus long et plus comprimé; les arcades zygomatiques beaucoup plus écartées; la face est plus obtuse dans le Léopard; le frontal plus large, plus rectangulaire; mais ses apophyses post-orbitaires sont moins fortes. (Temminck, *loc. cit.*, p. 99).

» Le Léopard, enfin, a 22 vertèbres caudales, tandis que la Panthère en a 28. »

L'étude des nombreux individus que nous avons examinés en Sénégambie nous a conduit à accepter entièrement la manière de voir de Temminck, au sujet de ces deux espèces controversées; pour lui, comme pour nous, l'animal désigné sous le nom de Panthère, par les Naturalistes Français, n'est qu'un Léopard dont la couleur du pelage s'éloigne un peu du type ordinaire. La véritable Panthère n'existe pas en Afrique; elle habite l'Inde, et plus particulièrement le Bengale, les îles de la Sonde, Java, etc.; tandis que le Léopard, tel qu'il est précédemment décrit, et bien qu'il existe également dans l'Inde, est plus particulièrement Africain.

Gen. **FELIS** Lin.

105. FELIS SERVAL Schreb.

Felis serval Schreb. Saught, p. 407, 14, f. 108.
— *galeopardus* Desmar. Mamm., p. 227, 355.
— *Capensis* Forst. Phil. Trans., LXX., p. 1.

Sénéguen. — Se rencontre, mais en petit nombre, dans toute la Sénégambie, plus particulièrement vers le Nord.

Le *Felis serval* est une espèce du Cap et même de l'Algérie.

106. FELIS RUTILA Waterh.

Felis rutila Waterh. P. Z. S. of Lond., 1842, p. 130.
— Gray, P. Z. S. of Lond., 1867, p. 272.

Oshingi. — Rare. — Forêts de la Gambie et de la Casamence.

107. FELIS NEGLECTA Gray.

Felis neglecta Gray, Ann. et Mag. N. A., 1838, 1, p. 27.; et P. Z. S. of Lond., 1867, p. 272.

Oshingi. — Habite les forêts, en compagnie du *F. rutila*.

108. FELIS SENEGALENSIS Lin.

Felis Senegalensis Less. Mag. Zool. (*Guerin*) Mamm., 1838, p. 15.

Guen. — Assez commun. — Thionk, Dakar-Bango, Leybar; le Oualo et le Cayor.

109. FELIS MANICULATA Rüpp.

Felis maniculata Rüpp. Atl. Nord. Afrika, p. 1, taf. 1.

Guen. — Peu commun. — Localisé spécialement dans le haut fleuve : Saldé, Podor, Dagana, Bakel.

110. FELIS DOMESTICA Briss.

Felis domestica Briss. Blásius, Fauna W. E. p. 167, f. 104-105.

Guenhoê. — Commun dans toute la Colonie, où il vit soit dans les cases, soit dans les habitations des Européens.

Les habitudes de cet animal sont les mêmes que celles de son congénère d'Europe; il est, toutefois, moins sédentaire et, sans s'écarter des lieux habités, il s'aventure parfois assez loin dans les terres. Il rentre régulièrement au domicile, et ne se mélange point avec les espèces sauvages qu'il peut rencontrer ; du moins nous n'en connaissons pas d'exemple.

111. FELIS BOUVIERI A. M. Edw.

Felis Bouvieri A. M. Edw. Mnscr. in Mus. Par.

Guenhoë. — Mélangé avec le précédent. — Rapporté par M. Bouvier des îles de l'Archipel du Cap-Vert.

M. le Professeur A. Milne Edwards a fait inscrire sous ce nom, dans les Galeries du Muséum, un type que l'on rencontre non seulement à l'archipel du Cap-Vert, mais aussi dans toute la Sénégambie; et plus particulièrement à Saint-Louis, Dakar, Joalles, Rufisque, etc. Le savant Zoologiste le considère, avec raison, comme une race du Chat domestique, race dont il est difficile, sinon impossible, de définir la souche, car elle ne présente aucun des caractères propres aux espèces sauvages de la région.

De la taille d'un Chat domestique de grosseur moyenne, le *Felis Bouvieri* possède un pelage gris noirâtre, avec des bandes foncées disposées assez irrégulièrement sur la région supérieure ; une bande, également noire, règne le long du dos ; les jambes sont ornées, en travers, de bandes de même couleur.

Le *Felis Cafra* est l'espèce dont il se rapproche le plus ; il en diffère, toutefois, en ce que, chez celui-ci, le fond du pelage est plus clair, les bandes noires du corps régulièrement disposées, et les dimensions de l'animal plus considérables.

Gen. CHAUS Gray.

112. CHAUS CALIGATUS Gray.

Chaus caligatus Gray, P. Z. S. of Lond., 1867, p. 398.
Felis caligata F. Cuv., Mamm. lith.
— *chaus* Rüpp. Atl. Nord. Afrika, p. 13, taf. 4.

Guenhoë. — Peu commun. — Lisière des grands bois : Saldé, Thionk; Gambie, Casamence; l'intérieur du Cayor.

D'après Temminck et le Professeur P. Gervais, cette espèce est propre à toute l'Afrique.

Gen. CARACAL Gray.

113. CARACAL MELANOTIS Gray.

Caracal melanotis Gray, P. Z. S. of Lond., 1867, p. 277.
Felis caracal Schreb. Saugth., p. 415, 17, t. 110.

Safandou. — Assez fréquent. — Oualo, Cayor, Gambie.

Les individus du Cap, de Barbarie et du Sénégal, comme l'observe Temminck (*Mon. Gen. Felis,* p. 119), n'offrent entre eux que des différences insignifiantes dans la couleur du pelage, la taille, etc. Il est impossible, dit également le Professeur P. Gervais (*H. N. Mamm.,* t. II, p. 93), de distinguer le Caracal de l'Inde d'avec celui d'Afrique.

Gen. GUEPARDA Gray.

114. GUEPARDA GUTTATA Gray.

Gueparda guttata P. Z. S. of Lond., 1867, p. 277.
Felis guttata Herm. Blainv. Osteogr., t. 4.

Schaglé. — Commun dans toute la Sénégambie : le Oualo, le Cayor et le haut du fleuve plus particulièrement.

Suivant Duvernoy, le *Felis guttata* Herm. serait différent du *Felis guttata* Schreb., que l'on considère généralement comme lui étant identique. Le premier serait Africain, le second spécial à l'Inde.

Nous partageons entièrement cette manière de voir, et comme

nous l'avons fait pour le Lion, nous nous appuyons sur l'examen des crânes.

Sans vouloir insister sur des différences de peu d'intérêt, relatives à la coloration du pelage, et sur l'absence presque complète de crinière dans le Guepard Africain, la forme et les dimensions des têtes osseuses suffisent pour séparer les deux types.

Dans le Guepard d'Afrique, en effet, le crâne, vu d'en haut, est ovoïde, le front est aplati, étroit, les arcades zygomatiques rapprochées, le museau allongé; dans celui de l'Inde, le crâne est quadrilatère, à front large et bombé, à arcades zygomatiques écartées à angle obtus; le museau est court et trapu.

La forme des dents fournit un caractère d'une valeur non moins grande : les lobes de la première molaire du Guepard d'Afrique sont obtus; le lobe central se distingue par sa largeur et son aspect triangulaire, tandis que les latéraux, d'une petitesse excessive, en sont à peine séparés.

La première molaire du Guepard de l'Inde, au contraire, de dimensions moins grandes, a ses quatre lobes profondément divisés par un large sinus; le central est en forme de coin aigu, les autres sont en petit sa reproduction fidèle. La carnassière présente également des différences: relativement étroite, à lobes séparés par un angle presque droit chez le premier, elle s'élargit dans le second, et ses lobes, plus tranchants, s'inclinent en formant un angle franchement obtus.

Ajoutons encore à ces caractères le développement considérable des apophyses sus-orbitaires dans le Guepard de l'Inde, contrastant avec la faiblesse et la brièveté de ces mêmes apophyses sur les crânes du Guepard Africain; la crête occipitale prononcée de l'un et son absence presque complète chez l'autre.

Fam. **VIVERRIDÆ** Wagn.

Gen. **VIVERRA** Lin.

115. VIVERRA CIVETTA Schreb.

Viverra civetta Schreb. Saugeth., t. III.
— Temm. Esq. Zool. Guinée, p. 88.
La Civette Buffon, H. N., t. IX, 299, t. 34.

Kastorjh. — Assez commun. — Cayor, Oualo, Thionk, Joalles, Casamence, Gambie.

On trouve une figure assez exacte de la Civette dans le *Voyage en Afrique,* de Labat (t. II, p. 104).

Fam. GENETTIDÆ Gray.

Gen. GENETTA Briss.

116. GENETTA VULGARIS Gray.

Genetta vulgaris Gray, P. Z. S. of Lond., 1832, p. 63.
Viverra Genetta Linn. in Fisch. Syn. Mamm., 169.

Sycore. — Assez commun. — Thionk, Sorres, Leybar, Dakar-Bango.

117. GENETTA SENEGALENSIS Gray.

Genetta Senegalensis Gray, P. Z. S. of Lond., 1832, p. 63.
Viverra Senegalensis Fisch. Syn. Mamm., 170.

Sycore. — Mêmes localités que l'espèce précédente, — où on l'observe assez fréquemment.

118. GENETTA PARDINA I. Geoff.

Genetta pardina I. Geoff. Mag. Zool., 1832, p. 63.
— *Poensis* Waterh. P. Z. S. of Lond., 1838, p. 59.
— *fieldiana* Duchaillu, Proc. Bost. N. H. Soc., VII, 1860.

Sycore. — Thionk, Leybar, Rufisque, Cap-Vert, Gambie, Casamence. Cette espèce contrairement à la précédente, habite de préférence dans le voisinage des cours d'eau.

Fam. PARADOXURIDÆ Gray.

Gen. NANDINIA Gray.

119. NANDINIA BINOTATA Gray.

Nandinia binotata Gray, Cat. Mamm. Br. Mus., p. 54.
Viverra binotata Gray, Spec. Zool., 9.
Paradoxurus binotatus Temm. Monogr., II, 336, t. 65, f. 79.

Sycore. — Peu commun. — Gambie, Casamence, Sainte-Marie.

Fam. HERPESTIDÆ Gray.

Gen. HERPESTES Illig.

120. HERPESTES ICHNEUMON Gray.

Herpestes Ichneumon Gray, Cat. Mamm. Brit. Mus., p. 51.
— *Pharaonis* A. Smith., S. A. Quart. Journ., 1, p. 49.
Mangouste d'Egypte F. Cuv. Mamm. Lith.

Sycore. — Commun. — Toute la Sénégambie; se tient de préférence le long des cours d'eau, et surtout sur le rivage de la mer.

Gen. CALOGALE Gray.

121. CALOGALE MELANURA Gray.

Calogale melanura Gray, P. Z. S. of Lond., 1868, p. 562.
Cynictis melanura Martin, P. Z. S. of Lond., 1830, p. 56.
Herpestes melanura Gray, P. Z. S. of Lond., 1838, p. 5.

Sycore. — Peu commun. — Localisé plus particulièrement en Gambie et en Casamence.

Gen. ICHNEUMIA I. Geoff.

122. ICHNEUMIA ALBICAUDA I. Geoff.

Ichneumia albicauda I. Geoff. Mag. Zool., 1839, p. 13.
Herpestes albicaudus Cuv. Reg. An., 1834, 2e éd.

Sycore. — Affectionne les plaines et les îles herbeuses du cours du Sénégal, Thionk, Dakar-Bango, Gandiole; descend vers le Cap-Vert et le pays des Serrères.

123. ICHNEUMIA NIGRICAUDA Pucher.

Ichneumia nigricauda Pucher. Rev. et Mag. Zool., t. VII, p. 39.

Sycore. — Mêmes localités que l'*I. albicauda*, mais moins commun.

Fam. RHINOGALIDÆ Gray.

Gen. MUNGOS Ogilby (pro part.).

124. MUNGOS GAMBIANUS Gray.

Mungos Gambianus Gray, Cat. Mamm. Brit. Mus., p. 50.
Herpestes Gambianus Ogilby, P. Z. S. of Lond., 1835, p. 102.

Sycore. — Rives de la Gambie et de la Casamence; environs d'Albreda, — où l'espèce est rare.

125. MUNGOS FASCIATUS Gray.

Mungos fasciatus Gray, Cat. Mamm. Brit. Mus., p. 51.
Herpestes fasciatus Desm. Dict. S. N., t. XXIX, p. 58.
— *zebra* Rüpp. Wirbel. faun. Abyss., p. 33, pl. II.

Sycore. — Gambie, rives du Bafing et de la Falèmé, — où il est peu commun.

Fam. HYÆNIDÆ I. G. St-Hil.

Gen. HYÆNA Lin.

126. HYÆNA BRUNNEA Thunb.

Hyæna brunnea Thunb. Vetensk. A. H., 1820, p. 59.
— F. Cuv., Dict. Sc. Nat., XXII, p. 294.
Hyæna fusca Geoff. Dict. Class. H. N., VIII, p. 444.
La Hyène Buffon, H. N. Supp., III, p. 234, t. 46.

Thill. — Assez commun sur tout le littoral. — A été tué plusieurs fois, notamment à la pointe de Barbarie, et au bord de le mer, entre la pointe du Cap-Vert et Gandiole.

Cette espèce, de l'Afrique centrale, depuis Mozambique jusqu'au Cap de Bonne-Espérance, remonte en Sénégambie; elle se tient presque exclusivement dans la région maritime, et se nourrit de préférence des Poissons rejetés sur le rivage; comme le fait observer Delgorgue, qui l'a observée au Cap, elle n'est point essentiellement ichthyophage, elle ne dédaigne pas la chair des autres animaux, mais elle les attaque rarement, et se contente des cadavres qu'elle rencontre.

127 HYÆNA STRIATA Zimm

Hyæna striata Zimmerm. Geogr., II, p. 256.
— *vulgaris* Desm. Mamm., p. 215.

Thill. — Commun au Cayor et dans le Oualo. — Nous l'avons souvent observé dans les environs immédiats de Saint-Louis, à Sorres notamment, et autour de l'abattoir, où il rôde à la recherche des restes d'animaux jetés sur les bords du fleuve.

Fam. LYCAONIDÆ Gray.

Gen. LYCAON Solin.

128. LYCAON VENATICUS Gray.

Lycaon venaticus Gray, Cat. Mamm. Brit. Mus., p. 67.
Hyæna picta Temm. Ann. Gen. Sc. Phys., III, p. 54, t. 35.
Canis pictus Rüpp. Atl. Nordl. Afrika, p. 35, taf. 12.
Cynhyæna picta F. Cuv., Dict. Sc. Nat., XXII, p. 299.
Chien hyenoide Cuv. Oss. Foss., IV, p. 386.

Thill. — Région sablonneuse de la rive droite du Sénégal; descend jusqu'à la pointe des Chameaux; marigot des Maringouins, Leybar, — où l'espèce est rare, et confondue par les Nègres avec la Hyéne.

On suppose que cette espèce est le même animal que le *Lycaon* de Solin; aussi acceptons-nous le genre proposé par Gray, comme antérieur au *Cynhyæna* de F. Cuvier.

Le *Lycaon pictus,* du Cap de Bonne-Espérance et d'Abyssinie, est incontestablement Sénégambien; deux exemplaires adultes, tués par nous dans les environs du marigot des Maringouins, ne nous laissent aucun doute à ce sujet, et leur comparaison avec la figure de Rüppel, nous a pleinement convaincu que nous ne faisions aucune confusion.

Nous ignorons si, comme le dit Burchel dans son *Voyage en Abyssinie,* l'*Hyæna venatica*, ainsi qu'il le nomme, se réunit par petites troupes pour chasser; nous l'avons seulement vu par couples isolés. Quoi qu'il en soit, à l'exemple des Hyènes, il se nourrit de cadavres d'animaux et paraît préférer, comme l'*Hyæna fusca,* les Poissons rejetés sur les rivages qu'il fréquente.

Les types Sénégambiens différeraient ainsi par leurs mœurs, des types de l'Abyssinie et du Cap.

Fam. CANIDÆ Wagn.

Gen. LUPUS Briss.

129. LUPUS ANTHUS Gray.

Lupus Anthus Gray, P. Z. S. of Lond., 1868, p. 502, f. 3, p. 503.
Canis Anthus F. Cuv. Mamm. Lith., XXII.
— Rüpp. Atl. Nordl. Afrika, 1835-1840, p. 44, taf. 17.

Boukis. — Très commun. — Oualo, Cayor, île de Thiouk, — où il abonde ; — Dakar-Bango, Sorres, etc.

Dans cette espèce, la tête est trapue, le dos et les flancs sont d'un gris foncé, faiblement teinté de jaunâtre ; le cou est fauve grisâtre, devenant plus gris sur la tête, les joues et le dessus des oreilles; les membres antérieurs et postérieurs, ainsi que la queue, sont d'un fauve assez pur ; la queue, terminée par des poils noirs, porte, en dessous, à partir de son tiers supérieur, une bande longitudinale également noire ; le dessous de la mâchoire inférieure, la gorge, la poitrine, le ventre et la face interne des membres sont blanchâtres; une bande noire règne sur les épaules; les poils de la région supérieure sont longs et rudes.

Longueur moyenne, du bout du museau à l'origine de la queue.	0,820 mm.
Longueur de la queue....................................	0,240 »
Hauteur moyenne...	0,365 »
Hauteur des oreilles....................................	0,095 »

130. LUPUS SENEGALENSIS H. Smith.

Lupus (Thous) Senegalensis H. Smith. Dogs. Nat. Libr. Jardine, 1839, p. 201, pl. XIII.

Boukiba. — Moins commun que l'espèce précédente — S'observe surtout en Gambie et en Casamence ; plus rare à Leybar et dans le pays de Gandiole ; de rares exemplaires ont été trouvés à Thiouk et à Dakar-Bango.

De taille plus forte que le *Lupus anthus,* cette espèce s'en distingue par d'autres caractères : les oreilles sont relativement hautes et larges; le front est d'un gris jaunâtre; la gorge et le ventre sont blancs; le dos, de couleur chamois foncé, porte quatre ou cinq bandes nuageuses plus foncées, descendant de chaque côté sur les flancs; une bande plus large, brunâtre, règne sur la croupe; on voit un espace blanc compris entre la fesse et le haut de la cuisse; celle-ci est limitée en arrière par une large bande onduleuse noirâtre; la queue est brunâtre en dessus, d'un gris blanc en dessous; tous les poils sont courts, à l'exception de ceux du cou.

Longueur moyenne, du bout du museau à l'origine de la queue.	0,861 mm.
Longueur de la queue..	0,330 »
Hauteur moyenne..	0,550 »
Hauteur des oreilles..	0,099 »

Pour la majeure partie des Zoologistes, suivant en cela l'exemple de Blainville, les deux types que nous venons d'examiner, et bien d'autres encore, ne sont que des *races* du *Canis aureus* Auctor. (*Lupus aureus* Kampf.).

Avec F. Cuvier, Geoffroy Saint-Hilaire, Gray et H. Smith, nous n'hésitons pas à les en séparer spécifiquement; l'absence de tout mélange entre ces *prétendues races*, la fixité des caractères qu'elles fournissent, nécessitent cette séparation. Nous allons plus loin même, et, comme H. Smith, nous considérons le *Canis aureus* comme type d'un genre que nous désignons, d'après le Zoologiste Anglais, sous le nom de *Sacalius.*

Après avoir donné la description du *Sacalius aureus,* nous examinerons son crâne comparativement avec celui du *Lupus anthus.*

Gen. **SACALIUS** H. Smith.

131. SACALIUS AUREUS H. Smith.

Sacalius aureus H. Smith, Dogs, Nat. Libr. Jardine, 1839, p. 214, pl. XV.
Lupus aureus Kampf. Amæn. Exot., 413, t. 407, f. 3.
Canis aureus Lin. Syst. Nat., 1, p. 59.

Boukis. — Assez commun. — Lieux découverts et sablonneux de la rive droite du Sénégal : Rufisque, Cap-Vert, pays des Serrères.

Le *Sacalius aureus* a la tête allongée; le cou, les côtés du ventre, les cuisses, ainsi que la face externe des membres et des oreilles, sont d'un fauve sale; le dos et les côtés du corps, depuis les épaules jusqu'à la croupe, d'un gris jaunâtre, tranchent avec les teintes avoisinantes; le dessous du cou, du ventre, la face interne des membres sont d'un blanc sale; la queue est mélangée de poils fauves et noirs; cette teinte domine à l'extrémité; le pelage est fourni et soyeux, bien que les poils soient durs.

Longueur moyenne, du bout du museau à l'origine de la queue.	0,730 mm.
Longueur de la queue	0,260 »
Hauteur moyenne	0,324 »
Hauteur des oreilles	0,072 »

Les crânes de *Lupus anthus* et de *Sacalius aureus* diffèrent d'une manière considérable.

La tête du *Lupus anthus* est semblable à une tête de *Loup*, toutes dimensions à part. Le front est bombé, large, proéminent; les apophyses post-orbitaires sont droites et aiguës; la crête occipitale est élevée et tranchante; la boîte crânienne large, arrondie; les apophyses zygomatiques volumineuses et fortement écartées; le museau court, épais; la voûte palatine large et profonde; les prémolaires toutes trilobées; les lames tranchantes de la carnassière inférieure, obtuses; la dernière petite tuberculeuse inférieure, à couronne également obtuse.

Chez le *Sacalius aureus*, la forme générale de la tête rappelle celle du *Renard*. Elle est très allongée, à profil presque droit; le front ne fait aucune saillie et se distingue par son étroitesse; les apophyses post-orbitaires, à peine saillantes, sont obtuses et inclinées en bas et en dedans; la crête occipitale est à peine indiquée; les arcades zygomatiques rapprochées, faibles; le museau étroit, allongé; la voûte palatine resserrée en arrière, et peu profonde; les prémolaires simples, aiguës, triangulaires; les lames de la carnassière inférieure obtuses, la médiane inclinée obliquement; la petite tuberculeuse inférieure, à couronne profondément mamelonnée.

Les principales mesures moyennes de dix crânes d'individus mâles des deux espèces, résument ces différences.

DÉSIGNATION DES MESURES		L. ANTHUS ♂	S. AUREUS ♂
LONGUEUR totale du crâne		160	172
DIAMÈTRES	Bizygomatique	96	77
	Bitemporal	55	53
	Bimaxillaire	42	37
	Au niveau des canines	30	27
	Post-orbitaire	47	35
VOUTE PALATINE	Longueur	83	77
	Largeur	42	36

C'est à tort que Gray, dans son Mémoire sur les crânes des *Canidés* (*P. Z. S. of Lond.*, 1868, p. 504), classe le *Sacalius aureus* dans le genre *Lupus;* en outre, les caractères qu'il lui assigne sont inexacts : la largeur du museau en avant des orbites (*muzzle broad in front of orbits*) n'existe pas, et l'obliquité de la carnassière par rapport à la direction des prémolaires et des tuberculeuses (*The sectorial tooth is placed obliquely in respect to the line of præmolars and tubercular grinders*), est beaucoup moins accusée que dans plusieurs genres voisins, dont il ne parle pas. C'est encore à tort qu'il indique son *Lupus aureus* comme spécial à l'Inde. Pour tous les auteurs, il est également propre à l'Afrique, et le fait n'est pas contestable.

Gen. **SIMENIA** Gray.

132. SIMENIA SIMENSIS Gray.

Simenia simensis Gray, P. Z. S. of Lond., 1868, p. 506, f. 4, p. 505.
Canis simensis Rüpp. New. Wirbelt. F. Abyss., p. 39, pl. 14.

Boukis. — Rare. — Montagnes du Fouta-Djalon; environs de Kita; bords de la Falèmé; plaines entre le Bafing et le Bakoy; le Kaarta et le Fouladou.

Gen. CANIS Lin.

133. CANIS LAOBETIANUS Rochbr.

Pl. V, fig. 1.

Canis Laobetianus Rochbr. Bull. Soc. Phil. Paris, 28 octobre 1882.

C. — CAPITE ELONGATO, ROSTRO SUBACUMINATO, AURICULIS LONGIS, ERECTIS, ABDOMINE POSTICE ATTENUATO; CORPORE RUFO, PILIS BREVIBUS; CAUDA PENDULA, LONGISSIMA, RUFA, SUBCOMOSA.

Tête allongée, à museau pointu; oreilles droites, hautes et aiguës; abdomen levretté; corps à poils très ras, d'un fauve brun à reflets roussâtres, également distribués; queue très longue, tombante, de couleur brune, très peu fournie; membres longs et maigres; cou proportionnellement long.

Longueur, du bout du museau à l'origine de la queue	0,879
Longueur de la queue	0,402
Hauteur moyenne	0,580
Hauteur des oreilles	0,103

Kraff. — Assez commun. — Sans localité précise; accompagne les Laobets dans leurs pérégrinations.

L'animal que nous qualifions du nom de *Canis Laobetianus* est un type évidemment domestiqué; c'est une race bien connue en Sénégambie, où elle vit à la suite des Laobets, à l'époque où ces sortes de Bohémiens Nègres parcourent le pays, pour vendre les pilons et autres ustensiles en bois, dont ils ont le monopole presque exclusif.

La grande ressemblance du Chien de Laobet, comme on le désigne, avec le *Simenia simensis,* nous porterait à voir en lui une race dérivée de cette espèce; très certainement elle doit son origine à un commencement de domestication; nous disons « commencement », parce que, malgré sa sociabilité relative avec l'homme, ce Chien a conservé des allures indépendantes. On l'observe souvent, la nuit, rôdant sur les dunes de la pointe de Barbarie, dans les environs du cimetière Nègre. Parfois il parvient à enlever les viandes suspendues au marché de la boucherie. L'un d'eux put s'emparer d'un quartier de Bœuf, après avoir rongé une palissade en bois, qu'il ne pouvait franchir, au marché même de Guet N'Dar, près Saint-Louis; après plusieurs nuits passées à l'affût, nous eûmes la bonne fortune de le tuer, malgré sa méfiance; c'est l'individu que nous figurons ici, et sur lequel nous avons pris nos mensurations.

Les Chiens «au poil court, rude et roux, communs surtout dans la vallée des deux Gagnacks», dont parle Golbery (*Fragm. d'un voyage en Afrique*, t. II, p. 399), appartiennent, sans aucun doute, à la race du Chien de Laobet.

Il en est de même « de ces Chiens horribles, au museau pointu, aux oreilles droites, à poil ras, maigres, efflanqués, vivant plutôt de chasse que de ce qu'on leur donne à manger », cités par M. Muiron d'Arcenant, dans sa Notice sur le Sénégal (*Bull. Soc. Geogr.*, 1877, t. XIII, p. 131).

134. CANIS FAMILIARIS Lin.

Canis familiaris Lin. Syst. Nat., 1, 56.
— *domesticus* Lin. Mus. Adolph. Frid., t. 6.

Kraffa. — Peu commun (1).

Nous indiquons seulement pour mémoire plusieurs races de Chiens domestiques, généralement chiens de chasse, amenés en Sénégambie par les Européens. C'est avec difficulté qu'ils se maintiennent, et presque toujours ils ne tardent pas à périr sous l'influence du climat.

Nos observations personnelles, relatives à la rage, sont conformes à celles de Volnay, Larrey, Brown, Barron, etc. Nous n'en avons rencontré aucun cas, et les renseignements qui nous ont été fournis par les indigènes, ont toujours été négatifs.

---

(1) Nous ne possédons que des renseignements incomplets sur la race ou les races de Chiens que les Diolas, peuples des bords de la rivière Géba, élèvent presque exclusivement pour s'en nourrir. Nous espérons combler avant peu cette lacune.

Fam. **VULPIDÆ** Burm.

Gen. **VULPES** Briss.

135. **VULPES NILOTICUS** Gerrard.

Vulpes Niloticus Gerrard, Cat. of Bones of Mamm., p. 85.
Canis Niloticus Geoff. Cat. Mus. Paris; — et Desm. Mamm., 204.
— Rüpp. Atl. Nordl. Afrika, p. 41, taf. 15.

Boukibora. — Assez commun. — Cayor, Oualo, île de Thiouk.

Comme le Renard d'Europe et les autres espèces Africaines, le *Vulpes Niloticus* se creuse des terriers, d'où il ne sort que la nuit.

136. **VULPES EDWARDSI** Rochbr.

Pl. V, fig. 2.

Vulpes Edwardsi Rochbr. Bull. Soc. Phil. Paris, 28 octobre 1882.

V. — Caput acuminatum, auriculæ magnæ, acutæ, extus fulvescentes, margine interno pilis longis albidis obsessæ; frons, vertex genæque pallide rufi; corpus pilis sordide griseis, passim ochraceis vestitum, subtus griseum; artus antici et postici ochracei, intus dilutiores; cauda longa, comosa, subrufa, stria dorsali fusca, apice nigra.

Tête allongée, à museau pointu; oreilles assez grandes, aiguës, droites, d'un fauve pâle en dehors, bordées intérieurement par une ligne de poils assez longs, blanchâtres; le dessus de la tête et les joues, d'un roux très pâle; toute la partie supérieure du corps, ainsi que les flancs, d'un gris sale, mélangé de poils jaunâtres; ventre à poils très longs, d'un blanchâtre sale; poitrine et dessous du cou, d'une teinte plus claire; membres d'un fauve clair, pâle à la partie interne; queue longue, fournie, roussâtre, portant en dessus et sur toute sa longueur une ligne d'un brun noirâtre; extrémité noire.

Longueur, du bout du museau à l'origine de la queue.........	0,400mm.
Longueur de la queue...	0,240 »
Hauteur moyenne...	0,187 »
Hauteur des oreilles...	0,047 »

Boukibora. — Kare. — Plaines du Cayor, du Oualo; Gandiole, Sorres; lisière des forêts de Gommiers de la rive droite du Sénégal.

L'espèce que nous proposons, rapportée d'abord au *Canis pallidus* de Rüppel, par suite de la grande analogie des deux animaux dans la couleur de leur pelage, en diffère tellement par d'autres caractères, que nous n'hésitons pas à l'en séparer.

Les caractères différentiels reposent surtout sur la taille des individus adultes.

Les dimensions données par Rüppel du *Canis pallidus* Abyssinien (*Atl. Nordl. Afrika,* 1826, p. 33, pl. XI) sont les suivantes :

Longueur, du bout du museau à l'origine de la queue.........	0,768mm.
Longueur de la queue...	0,260 »
Hauteur moyenne...	0,242 »
Hauteur des oreilles...	0,052 »

En comparant ces chiffres avec les nôtres, il est facile de voir que notre type, *adulte,* se distingue de celui de Rüppel par une taille presque moitié moindre : la longueur de l'un, 0,768mm, celle de l'autre, 0,400mm donnant une différence de 0,368mm ou 0,36 cent.

Un échantillon en mauvais état, de la Galerie de Zoologie du Muséum, fournit des dimensions presque semblables.

Les auteurs qui, après Rüppel, se sont occupés du *Canis pallidus*, lui donnent constamment une taille relativement forte; leurs descriptions s'écartent si peu de celle de Rüppel, qu'elles la confirment pleinement; il est donc évident qu'ils ont eu affaire à des exemplaires d'un même type et que le nôtre en diffère complètement.

L'examen de la tête conduit à la même conclusion : Rüppel donne au crâne du *Canis pallidus* une longueur de 0,115mm; celui de notre espèce mesure seulement 0,096mm.

Un document, d'une grande valeur pour nous, est la tête osseuse envoyée d'Abyssinie au Muséum d'Histoire Naturelle, en 1840, par Lefebvre et le Dr Petit, tête provenant d'un « Renard plus grand que celui d'Europe, ayant sur le dos et la queue une tache grosse comme une noisette, le pelage beaucoup plus clair que chez l'espèce d'Europe, le museau plus effilé ». Ce spécimen, donné par Florent Prévost et O. des Murs, auteurs de la partie Mammalogique du *Voyage* de Lefebvre, comme appartenant au *Canis pallidus* de Rüppel (*loc. cit.,* t. VI, p. 16), porte, dans la Galerie d'Anatomie comparée, le **n° 436** et en Amareen le nom de *Kqueboro;* ses dimensions sont seulement un peu plus fortes que dans le type de Rüppel.

Ainsi, pour Rüppel, comme pour Smith, Florent Prévost et O. des Murs, le *Canis pallidus* est un animal de taille relativement forte, et supérieure à celle du Renard d'Europe; notre *Vulpes Edwardsi* ne peut donc lui être assimilé.

Gray, en classant le *Canis pallidus* dans le genre *Fennecus* (*P. Z. S. of Lond.,* 1868, p. 520), sans dire sur quels caractères il se fonde, avait-il en vue un animal semblable au nôtre? Nous l'ignorons; quoi qu'il en soit, dans aucun cas, il ne peut être envisagé comme un Fennec, car, par sa dentition, les dimensions de ses oreilles, l'ensemble de son facies, il s'éloigne complètement de ce genre, et sa véritable place est dans le genre *Vulpes.*

Gen. **FENNECUS** Desm.

137. FENNECUS DORSALIS Gray.

Fennecus dorsalis Gray, P. Z. S. of Lond., 1868, p. 519
Canis dorsalis Gray, P. Z. S. of Lond., 1837, p. 132.
– *Ruppelii* Schintz, Cuv. Thiers, IV, p. 508.

Rare. — Plaines entre le Bafing et le Bakoy.

Cette espèce, des déserts de Nubie et du Kordofan, nommée par les Arabes *Sabora,* d'après Rüppel, avait été indiquée du Sénégal par Gray (*loc. cit.*)

Fam. MUSTELIDÆ Gray.

Gen. GYMNOPUS Gray.

138. GYMNOPUS AFRICANUS Gray.

Gymnopus Africanus Gray, P. Z. S, of Lond., 1865, p. 120.
Mustela Africana Desm., N. Dict. H. N., XIX, p. 376.
Putorius Africanus A. Smith South. Afric. Journ., II, p. 36.

Assez rarement observé dans la région de la basse Sénégambie : Casamence, Gambie.

Fam. LUTRIDÆ Gray.

Gen. AONYX Lesson.

139. AONYX LALANDII Lesson.

Aonyx Lalandii Lesson. Man., I, p. 37.
Lutra inunguis F. Cuv. Dict. Sc. Nat., t. XXVII, p. 248.
— *Gambianus* Gray, Cat. Mamm. Brit. Mus., p. 111.
— *Poensis* Waterh. P. Z. S., of. Lond., 1838.

Ouala. — Assez rare. — Gambie, Casamence ; remonte le long de la rivière Saloum ; se rencontre parfois sur le bord des marigots de Gaé, N'Dor, etc.

Nous en avons tué un spécimen sur les bords du lac de Pagnefoul; un autre nous a été rapporté par notre chasseur Amadou N'Gaye, des bords du marigot de Fanaye.

La taille et les teintes du pelage varient chez cet animal, sans qu'il soit possible cependant de pouvoir distinguer plusieurs espèces à l'aide de ces caractères, aussi croyons-nous devoir réunir, jusqu'à plus ample informé, les types décrits comme espèces distinctes, par les auteurs précités.

Fam. MELLIVORIDÆ Gray.

Gen. MELLIVORA Stor.

140. MELLIVORA RATEL Gray.

Mellivora ratel Gray, List. Mamm. Brit. Mus., 68.
— *Capensis* F. Cuv. Lesson Man., 143.
Gulo Capensis Desm. Mamm., p. 176.
Ursus mellivorus Cuv. Tab. elem., 1798, p. 112.
Ratel Sparrm. Kong. Vet. Akad. Handl., 1777, p. 49, t. 4, f. 3.

Kajäh. — Assez commun. — Gandiole, tout le Cayor et le Oualo; environs de Sorres, île de Thionk, Dakar-Bango, etc.; remonte dans la région du haut fleuve; Podor, Dagana, Saldé; tout le Felou et une partie du Fouta-Djalon.

Le *Mellivora ratel*, de même que l'espèce suivante, est très recherché par les Nègres des contrées où se rencontrent ces animaux; leurs organes génitaux coupés et desséchés, connus sous le nom de *Getala*, sont suspendus aux colliers en graines d'*Abelmoschus* (*Dankh ba*) portés, le plus ordinairement, par les jeunes Pouls; des lambeaux de peau (*Lar ba*) sont aussi attachés aux colliers (*Potal ba*) des Bambaras et des Ouoloves.

141. MELLIVORA LEUCONOTA Sclat.

Mellivora leuconota Sclat. P. Z. S. of Lond., 1867, p. 98, pl. VIII.

Kajha. — Se rencontre dans les mêmes régions que l'espèce précédente.

Ces deux Mellivores Africains sont bien distincts. Dans le *Mellivora ratel*, le corps est noir, le dos gris de fer, une large bande blanche règne le long des flancs; le dessus de la tête et de la queue sont de la même couleur.

Le *Mellivora leuconota* se distingue par une taille beaucoup

plus petite, et toute la partie supérieure du corps et de la tête, qui sont d'un blanc pur.

Nous avons possédé longtemps en captivité un individu de cette espèce; pendant le jour, il restait enroulé au fond de sa cage; aussitôt la nuit venue, il se livrait à des mouvements désordonnés, en poussant des grognements assez forts; d'une voracité extrême, il consommait des quantités relativement considérables de viande, cachant sous le sable les morceaux qu'il ne pouvait plus avaler; il avait soin de déposer ses excréments dans un coin de sa cage, toujours le même, et de les recouvrir, en grattant le sable avec les pattes de devant, de la même façon que les Chats.

Fam. ZORILLIDÆ Gray.

Gen. ZORILLA Gray.

142. ZORILLA STRIATA Gray.

Zorilla striata Gray, List. Mamm. Brit. Mus., 67.
Viverra zorilla Thunb. Act. Petrop., III, p. 306.
Mustela zorilla Cuv. Tab. elem., 1798, p. 116.

Oualaj'h. — Assez commun. — Forêts du haut du fleuve; Podor, Bakel, Kita, d'où M. le Dr Colin en a rapporté un très bel exemplaire.

Cette espèce vit loin des habitations; il est excessivement rare de la rencontrer ailleurs que sur la lisière des grands bois.

143. ZORILLA SENEGALENSIS Gray.

Zorilla Senegalensis Gray, *var.* P. Z. S. of. Lond., 1865, p. 151.
— *striata* var. *Senegalensis* Gray, loc. cit.

Oulaj'h. — Commun. — Tionk, Sorres, Guet N'Dar, N'Dartout, Rufisque, Cap Vert, Dakar.

Gray regarde le *Zorilla Senegalensis* comme une variété du

Zorilla striata; nous ne pouvons partager cette manière de voir, car non seulement il en diffère par la couleur du pelage et une taille beaucoup plus petite, mais ses mœurs ne sont en aucune façon les mêmes; contrairement au *Zorilla striata,* il ne quitte jamais les lieux habités, et vit à l'entour des poulaillers et des colombiers, où il exerce ses ravages.

HYRACIDEI H. M. Edw.

HYRACEI H. M. Edw.

Fam. HYRACIDÆ G. Cuv.

Gen. HYRAX Herm.

144. HYRAX SYRIACUS Schreb.

Hyrax Syriacus Schreb. Saugeth. IV, p. 923, t. 240, B.
— *Brucei* Gray, Ann. and Mag. N. H., 1868, p. 44.

Askojh. — Commun. — Montagnes du Felou, coteaux rocailleux et boisés des bords du Bakoy; environs de Kita.

Cette espèce, désignée par les Européens sous le nom de Marmotte, se tient dans les anfractuosités des rochers, en troupes souvent nombreuses. Elle sort de sa retraite pendant le jour, se dresse au moindre bruit, puis disparaît subitement; les Européens et les Nègres la recherchent pour l'excellence de sa chair. Nous devons ces renseignements à la bienveillante obligeance de M. le Dr Colin.

Gen. **EUHYRAX** Gray.

145. EUHYRAX ABYSSINICUS Gray.

Euhyrax Abyssinicus Gray, Ann. and Mag. N. H., 1868, p. 47.
Hyrax Habessynicus Henp. et Ehrenb. Sym. Phys. Dec. 1, t. 2.

Askojh. — Assez commun. — Habite les mêmes localités que l'espèce précédente.

Gen. **DENDROHYRAX** Gray.

146. DENDROHYRAX DORSALIS Gray.

Dendrohyrax dorsalis Gray, Ann. and Mag. N. H., 1868, p. 49.
Hyrax dorsalis Fraser, P. Z. S. of Lond., 1852, p. 90.

Se rencontre assez fréquemment dans les forêts des bords de la Casamence.

147. DENDROHYRAX ARBOREUS Gray.

Dendrohyrax arboreus Gray, Ann. and Mag. N. H., 1868, p. 49.
Hyrax arboreus A. Smith. Linn. Trans. XV, p. 468.

Peu commun. — Forêts de la Gambie et de la Casamence.

Comme le *Dendrohyrax dorsalis,* et comme tous les *Hyrax* du reste, cette espèce se nourrit de préférence de fruits. Elle ne dédaigne pas cependant une autre nourriture, du moins en captivité; plusieurs individus que nous avons possédés, mangeaient volontiers du pain et même du couscous. Immobiles pendant le jour, ils se mettaient en chasse dès la tombée de la nuit.

PROBOSCIDEI Illig.

ELEPHANTINI Gray.

Fam. ELEPHANTIDÆ Gray.

Gen. LOXODONTA F. Cuv.

148. LOXODONTA AFRICANA F. Cuv.

Loxodonta Africana F. Cuv. in Gray List. Mamm. Brit. Mus. 1843, p. 184.
Elephas Africanus Blumenb. Abbild., t. 19, f. c.

Grüé. — Commun dans le haut Sénégal; Bélédégou, Bakhounou bords du Bakoy et du Bafing; plaines de Kita, etc.

Les caractères tirés de la dentition, sur lesquels F. Cuvier s'est fondé pour faire de l'Eléphant d'Afrique le type du genre *Loxodonta,* ont une valeur que l'on ne peut méconnaître, et bien que généralement les Naturalistes le comprennent dans le genre *Elephas,* à côté de l'espèce de l'Inde, nous adoptons la manière de voir de P. Gervais, entre autres, et nous l'inscrivons sous le nom proposé par F. Cuvier.

Adanson (*Voyage au Sénégal,* 1757, p. 75) signale la présence des Eléphants dans les environs de Dagana. « Comme je me promenais, dit-il, dans les bois qui sont vis-à-vis Dagana, j'aperçus quantité de leurs traces fort fraîches. Je les suivis constamment pendant près de deux lieues; et enfin, je découvris cinq de ces animaux, dont trois se vautraient couchés dans leur souil, à la manière des Cochons, et le quatrième était debout avec son petit, mangeant les extrémités des branches d'un Acacia qu'il venait de rompre. »

Aujourd'hui l'Eléphant d'Afrique, comme tous les autres grands Mammifères, a fui devant l'invasion humaine et les armes meurtrières de l'Européen. L'Ile à Morphil, jadis célèbre, doit son nom aux nombreux Eléphants qu'elle renfermait (Morphil veut dire ivoire en Ouoloff); elle n'en possède plus maintenant.

Les deux rives du Sénégal nourrissent cependant encore des Eléphants; au dire des Noirs, ceux de la rive droite seraient plus grands que ceux de la rive opposée; nous n'avons pu vérifier si le fait est exact; quoi qu'il en soit, les rares spécimens que nous avons vus avaient une taille considérable ; ils mesuraient en moyenne 3 mètres 50 c. de haut, et leurs défenses dépassaient 0,98 centimètres. Comme l'observe Adanson, ils sont d'une couleur gris noirâtre foncée.

MEGALANTOIDEI H. M. Edw.

SOLIDUNGULATI Illig.

Fam. EQUIDÆ Gray.

Gen. EQUUS Lin.

149. EQUUS CABALLUS Lin.

Equus Caballus Lin. Syst. Nat. 12, I, p. 100, n. 1.
Le Cheval Buffon, H. N. IV, p. 174, t. 1.

Farfs. — Commun dans toute la Sénégambie; se rencontre plus généralement chez les Maures et les Pouls.

Il serait hasardeux d'affirmer, avec Golbery (*Voyage en Afrique,* 1802, t. 1, p. 324), que les chevaux de la Sénégambie descendent des chevaux Arabes; nous serions plutôt disposé à leur trouver une certaine analogie avec les représentants de la race de Dongola, mais surtout avec le type décrit et figuré par H. Smith (*The Equidæ in Nat. Libr. Jardines,* 1841, vol. XII, p. 227, pl. XI) sous le nom de *The Shrubat-ur-Reech.* Comme ce type, en effet, ils sont de petite taille, à robe baie ou grise, maigres, efflanqués « *They are brown or grey, rather low, shaped like greyhounds, destitute of flesh, or as Davidson terms it, like a bag of bones; but their spirit is high and endurance of fatigue prodigious.* »

Nous ignorons quels sont ces Chevaux sauvages, qu'Adanson (*Cours H. N.*, éd. Payer, t. 1, p. 229) dit exister dans les déserts de l'Afrique, depuis le Sénégal jusqu'en Arabie.

Gen. ASINUS Gray.

150. ASINUS VULGARIS Gray.

Asinus vulgaris Gray, Zool. Journ., 1, p. 244.
Equus asinus Linn. Syst. Nat. XII, p. 100.
L'Asne Buffon, H. N. IV, p. 377, t. 11, 13.

Genapp. — Toute la Sénégambie.

L'Ane est très commun en Sénégambie, où il est employé comme bête de somme, principalement par les Maures.

Adanson (*Voy. au Seneg.*, p. 118.) donne une excellente description du type de cette contrée : « Ces Anes, dit-il, sont un peu plus grands que les nôtres, leur poil est d'un gris de souris fort beau et bien lustré, sur lequel la bande noire qui s'étend le long du dos et croise ensuite sur les épaules, fait un joli effet. »

Nous ferons remarquer que souvent on observe sur les membres antérieurs et postérieurs, des zébrures fortement accusées et de couleur brunâtre.

Quelques individus à pelage brun, semblables à certains de nos Anes d'Europe, ont été introduits dans la colonie, mais ils sont peu estimés, et servent uniquement à l'usage de leurs introducteurs.

MULTUNGULATI Illig.

Fam. HIPPOPOTAMIDÆ Gray.

Gen. HIPPOPOTAMUS Lin.

151. HIPPOPOTAMUS SENEGALENSIS Desm.

Hippopotamus Senegalensis Desm. Journ. Phys., v. p. 354, et Dict. class. H. N., t. VIII, p. 122.

Leber. — Sénégal, Falémè, Bakoy, Bafing, et généralement tous les fleuves de la Sénégambie.

Très commun anciennement en Sénégambie, l'Hippopotame tend à disparaître de jour en jour; on l'observe parfois en petites troupes, mais le plus ordinairement il va par sociétés de deux ou trois individus, le père, la mère et le petit; presque constamment à l'eau, où il dort en faisant émerger son mufle, il sort le soir et gravit les berges du fleuve, où il broute les plantes qui y croissent, et les branches des arbres peu élévés; nageant avec une grande vitesse, il franchit souvent des distances considérables, mais il ne se tient jamais à l'embouchure des fleuves, car il redoute l'eau salée.

Toute la partie supérieure du corps, le front et le haut du museau, sont d'un brun noirâtre; les flancs et les régions inférieures, d'un gris vineux sale; cette couleur s'éclaircit et se teinte de rosé aux divers plis formés par la peau; de petites maculatures noirâtres très nombreuses se remarquent sur toute la surface du corps; le tour des yeux, les paupières, le derrière des oreilles sont d'un rouge brique, le cou ne présente pas de forts plis; toute la peau est finement réticulée.

Longueur du bout du museau à l'origine de la queue..........	3m 27c
Longueur de la queue....................................	0 43
Hauteur moyenne..	1 35

Avec Desmoulins et Duvernoy, nous distinguons spécifiquement l'Hippopotame du Sénégal, des Hippopotames du Cap et d'Abyssinie.

Pour Boitard, le premier est une simple variété des deux autres, et il fait remarquer que les caractères invoqués par Desmoulins n'ont aucune valeur, attendu qu'ils reposent sur la comparaison d'un squelette de jeune individu du Sénégal, et d'un squelette de vieux sujet du Cap; nous ignorons si l'assertion de Boitard (*Dict. H. N.*, d'Orbigny, 2e éd., t. VII, p. 122, art. *Hippopotame*) est exacte; nous ferons simplement observer à notre tour que les caractères fournis par Desmoulins le sont scrupuleusement et existent sur les squelettes de sujets *adultes* et *mâles* du Cap, du Sénégal et du Nil Blanc; tout concourt à séparer les trois types, car non seulement le squelette, mais encore la taille, la couleur, etc., les différencient complètement.

L'examen comparatif détaillé des divers Hippopotames Africains nous entraînerait ici à des longueurs que nous devons éviter, et nous renvoyons pour tous les détails aux Mémoires précités de Desmoulins et Duvernoy; nous ne pouvous cependant nous dispenser de donner dans le tableau suivant les mesures les plus essentielles, permettant d'embrasser d'un coup d'œil les caractères ostéologiques différentiels.

Nos mesures ont été prises sur les squelettes d'individus adultes, exposés dans les Galeries d'Anatomie comparée du Muséum de Paris.

L'*Hippopotamus Senegalensis* provient du Prince de Joinville;
L'*Hippopotamus Capensis* a été rapporté par Delgorgue;
L'*Hippopotamus Abyssinicus* est du à Delalande.

Dans son Mémoire sur l'Ostéologie de l'Hippopotame (*Ann. Mus.*, p. 312) Cuvier suppose la tête de l'adulte égale à 0.60 cent. ou le quart de la longueur totale non compris la queue.

Nous nous abstenons de donner comme terme de comparaison les chiffres fournis par Cuvier, par la raison qu'étant basés sur l'étude d'un squelette de fœtus, et calculés conjointement avec une tête d'adulte, ils ne présentent pas une garantie suffisante d'exactitude.

	DÉSIGNATION DES MESURES	H. Senegalensis ♂	H. Capensis ♂	H. Abyssinicus ♂
Crane	Longueur totale	498	550	528
	Diamètre biorbitaire externe	272	300	305
	— bizygomatique	391	402	898
	Largeur de la crête occipitale	290	184	300
	Largeur au niveau des trous sous-orbitaires	120	136	130
	Largeur des orbites	65	69	68
	Hauteur des orbites	74	80	83
	Largeur de l'ouverture nasale	123	110	130
	Longueur de la 1re molaire à la canine	96	127	115
Maxillaire inférieur	Diamètre intercondylien	300	307	320
	— intercoronoide	219	204	207
	— interangulaire	405	415	410
	— entre les deux canines	338	310	320
Omoplate	Longueur totale	460	420	449
	Largeur au niveau de l'échancrure	100	91	104
	Longueur de l'épine	340	320	305
Bassin	Largeur au niveau des deux crêtes iliaques	700	750	709
	Distance entre les épines iliaques	695	630	727
	Longueur de la symphise	250	245	252
	Largeur du trou ovalaire	90	90	87
	Longueur du trou ovalaire	149	169	151
	Diamètre du détroit supérieur	240	245	250
	— du détroit inférieur	234	250	210
Sternum	Longueur totale	530	520	475
	— du manubrium	152	200	170
	Largeur du manubrium	124	70	90
	Nombre de pièces	6	4	5
Membres	Longueur de l'humerus	420	419	430
	— du radius	280	284	288
	— du fémur	499	490	320
	— du tibia	322	330	320
	— du pied de devant	315	310	270
	— du pied de derrière	326	312	298
	Longueur totale de l'animal	$2^{m}10$	$2^{m}44$	$2^{m}13$

Toutes ces mesures sont prises en millimètres, seules les longueurs de l'animal entier sont en mètres et centimètres.

Gen. **CHÆROPSIS** Leidy.

152. CHÆROPSIS LIBERIENSIS Leidy.

Chæropsis Liberiensis Leidy Journ. Ac. Nat. Sc. Philad., 1852, t. II, p. 207.

— A. M. Edw. Recherches sur les Mamm., 1868-1874, t. 1, p. 43.

Hippopotamus minor Morton, Proc. Ac. N. H. Sc. Philad. 1844, t. II, p. 14.

Hippopotamus Liberiensis Morton, Journ. Acad. Nat. Sc. Philad, vol. 1, 1849.

Ditomeodon Liberiensis Gratiolet, Anat. Hippopot. (Alix) 1867, p. 271.

Très rare. — Rivière Gambie.

Nous ne pouvons avoir de doutes sur l'authenticité de la présence du *Chæropsis Liberiensis* en Sénégambie, car nous en avons vu sur les bords de la Casamence; mais un fait exceptionnel et des plus remarquables est la capture d'un individu adulte dans le marigot de Lampsar.

Cet individu, tué par des Nègres et bientôt dépecé comme un jeune *Hippopotamus Senegalensis,* nous a fourni les dimensions suivantes :

Longueur totale du bout du museau à l'origine de la queue.....	1m 575c
Longueur de la queue....................................	0 248
Hauteur au garrot...	0 674
Hauteur à la croupe.......................................	0 721
Hauteur des oreilles......................................	0 047
Distance interoculaire....................................	0 122
Courbe du mufle...	0 328

Avec ces dimensions, nous retrouvons sur nos cahiers de notes quelques indications relatives à la coloration :

Peau lisse, sans plis, d'un brun rougeâtre sur toutes les régions supérieures; rougeâtre clair en dessous et aux articulations. La tête de cet exemplaire fut achetée 20 fr. par un commerçant français, marchand d'animaux, M. Izard fils; nous ne pûmes l'obtenir de lui. Aujourd'hui, nous ignorons ce qu'elle est devenue.

Fam. PHACOCHÆRIDÆ Gray.

Gen. PHACOCHÆRUS F. Cuv.

153. PHACOCHÆRUS AFRICANUS F. Cuv.

Phacochærus Africanus F. Cuv. Mém. Mus. VIII, p. 454, t. 23, f. c. d.
— *Æthiopicus* F. Cuv. loc. cit., p. 447, f. a. b.
— *edentatus* I. Geoff. Dict. Class. H. N., t. XIII, p. 320.

Sanglier d'Afrique Adanson, H. N. Sénégal, p. 76.
— *du Cap Vert* Daubenton, Buffon, H. N., t. XIV, p. 409.

Bamal. — Commun. — Cayor, Oualo, Tionk, Gandiole, Dakar-Bango, et la rive droite du Sénégal. — Descend jusqu'en Gambie et en Casamence.

154. PHACOCHÆRUS ÆLIANI Gray.

Phacochærus Æliani Gray, List. Mamm. Brit. Mus., p. 185.
Phascochærus Æliani Rüpp. Atl. Nordl. Afrika, p. 61, pl. 25.

Bamal. — Moins commun que le précédent, et plus spécialement localisé dans le haut du fleuve.

Les auteurs qui ont écrit sur les Phacochæres ont, à notre avis, choisi des caractères sans aucune valeur pour la distinction des espèces; le plus ou moins d'usure de la dernière molaire, mais surtout l'absence ou la présence d'incisives à la mâchoire supérieure, invoquée par F. Cuvier, I. Geoffroy, Gray, etc., sans tenir compte de l'âge des sujets, ont amené une confusion que l'on voit subsister encore. M. Sclater a compliqué cette confusion en 1869 (*P. Z. S. of Lond.*) en prenant une espèce pour une autre, exemple suivi du reste par d'autres auteurs, comme il est facile de s'en assurer, en consultant les diverses communications relatives à ces animaux, notamment celles éparses dans les *Proceedings* de la Société Zoologique de Londres.

L'examen fait sur place d'un très grand nombre de Phacochæres de tout âge, donnera, nous l'espérons, un certain degré de certitude aux observations à l'aide desquelles nous cherchons à combattre l'opinion de nos devanciers, formulée sur des séries malheureusement toujours trop restreintes.

Deux espèces de Phacochæres existent en Sénégambie : les *Phacochærus. Africanus* et *Æliani.*

Prenant pour criterium une moyenne de dix individus de chaque sexe, adultes et jeunes (en doublant ce chiffre, ce qui nous serait facile, nous arriverions aux mêmes conclusions), on voit que les incisives à la mâchoire supérieure existent invariablement chez tous dans le jeune âge, et qu'au fur et à mesure de la croissance, ces incisives tantôt se maintiennent, tantôt, au contraire, disparaissent à un moment donné. Ce phénomène est dû à plusieurs causes; la vieillesse compte en première ligne, mais cette condition exceptée, l'usure plus au moins rapide des incisives ne peut être attribuée qu'à des influences purement individuelles; car, suivant une marche rapide ou lente, l'oblitération des alvéoles, conséquence de l'usure arrivée à son maximum, apparaît chez des sujets relativement jeunes, plus tôt que chez certains individus vieux.

Nous le répétons, ce phénomène existe dans les deux espèces et dans les deux sexes.

Ce fait établi, sans insister sur le désaccord des auteurs dans l'exposé des caractères extérieurs des deux Phacochæres, nous établissons ainsi leur diagnose :

PHACOCHÆRUS AFRICANUS. – Animal fort, haut sur jambes, rappelant, par sa forme générale, nos grands sangliers d'Europe; tête allongée; un fort tubercule parallélogrammique proéminent, placé à l'angle supérieur des mâchoires; yeux situés presque sur la ligne frontale; teinte générale brun noirâtre; de très rares poils roussâtres, épars plus particulièrement à la région des épaules et des fesses; crinière de longs poils bruns et noirs, régnant depuis l'occipital jusqu'au niveau des lombes; joues garnies en dessous de longs poils gris noirâtres, queue atteignant le jarret, mince, droite, terminée par un bouquet de poils bruns; défenses robustes, les supérieures plus longues, faiblement incurvées en arc de cercle; oreilles allongées, elliptiques, presque nues, bordées extérieurement de poils courts grisâtres.

Longueur totale, du bout du museau à l'origine de la queue.	1m 30c
Longueur de la queue.	0 25
Hauteur moyenne.	0 80

La femelle se distingue du mâle par une taille un peu moindre, des défenses moins robustes et par le tubercule de la face moins proéminent; les jeunes ont le corps moins nu et d'une teinte plus rousse.

PHACOCHÆRUS ÆLIANI. — Animal court, trapu, bas sur jambes, très large dans sa moitié antérieure; jambes grêles; tête large; un énorme tubercule conique, un peu au-dessus de l'angle externe de l'œil; poche ridée, tuberculeuse, située dans le voisinage de la paupière inférieure; yeux écartés en dessous de la ligne frontale; un second tubercule, également conique, mais plus faible que le premier, au milieu de l'espace compris entre celui-ci et le point de saillie des défenses. Teinet générale grisâtre; flancs, régions postérieure des fesses et antérieure des cuisses, garnies de longs poils d'un blanc jaunâtre; crinière, depuis le frontal jusqu'à l'origine de la queue, à poils très longs, brun marron; toute la région frontale, la partie inférieure des maxillaires, le cou et les épaules couverts de longs poils blanchâtres; oreilles ovoïdes, également bordées extérieurement de longs poils de même couleur; queue dépassant le jarret, à bouquet terminal blanchâtre; défenses énormes, fortement incurvées.

Longueur totale, du bout du museau à l'origine de la queue.	0m 98c
Longueur de la queue..	0 34
Hauteur moyenne..	0 65

Comme chez l'espèce précédente, les femelles et les jeunes se distinguent par une taille plus faible et un pelage plus clair.

La moyenne des crânes de dix mâles adultes donne les chiffres suivants :

DÉSIGNATION DES MESURES		P. AFRICANUS ♂	P. ÆLIANI ♂
LONGUEUR totale du crâne..........................		440	380
DIAMÈTRES.....	Bizygomatique................	214	250
	Biorbitaire......................	112	139
	Au niveau de la 1re molaire.....	59	71
DISTANCE de la 1re molaire à l'incisive externe....		105	92
VOÛTE PALATINE, largeur moyenne..............		32	40
ESPACE entre les deux défenses..................		120	149
LONGUEUR de la dernière molaire........		48	57

Les caractères différentiels tirés de l'inspection des têtes osseuses correspondent, comme on le voit, à ceux fournis par l'aspect extérieur.

Gray, le premier, croyons-nous, tout en acceptant comme caractéristique l'absence ou la présence des incisives à la mâchoire supérieure, a cherché à spécifier les deux types, par la forme de la tête; seulement, de même que M. Sclater donne au *Phacochærus Æthiopicus* (*Africanus*) le pelage du *Phacochærus Æliani*, de même Gray donne à ce dernier la tête de l'*Æthiopicus* (*Africanus*).

Les Phacochæres vivent par bandes dans les forêts; ils se nourrissent de plantes et de racines, et ont l'habitude, pour fouiller le sol, de plier les membres antérieurs et de marcher sur l'articulation du carpe. Leur réputation de férocité n'est rien moins que justifiée; ils fuient en présence de l'homme et se laissent chasser sans résistance. D'un naturel doux, ils subissent sans trop s'inquiéter l'influence de la domestication; chaque jour on peut voir, dans les rues de Saint-Louis et dans plusieurs postes du haut fleuve, plusieurs Phacochæres à demi domestiques, errer dans les rues et à l'entour des cases et rentrer le soir librement à leur étable, comme les Cochons de nos campagnes.

Fam. **SUIDÆ** Owen.

Gen. **POTAMOCHÆRUS** Gray.

155. POTAMOCHÆRUS PENICILLATUS Gray.

Potamochærus penicillatus Gray, Ann. and Mag. Nat. Hist. t. XV, p. 66.
Sus penicillatus Schinz. Monogr. d. Saugeth., t. 10.
Cochon de Guinée Buffon, H. N., t. V, p. 146.

N'Gowajh. — Assez fréquent en Gambie et en Casamence

Gen. **SCROFA** Gray.

156. SCROFA DOMESTICA Gray.

Scrofa domestica Gray, P. Z. S. of Lond., 1868, p. 38.
Sus domesticus Briss. Reg. Anim., 106.
Le Cochon Buffon, H. N., t. V, p. 99.

Bam. — Introduit et consommé par les Européens seuls.

« Les Cochons multiplient beaucoup sur l'île du Sénégal », dit Adanson (*Hist. Nat. Sénégal*, p. 168); la race la plus estimée, la seule, pour ainsi dire, élevée par les Européens, est celle connue sous le nom de *Cochon de Siam.*

157. SCROFA GAMBIANA Gray.

Scrofa Gambiana Gray, List. Mamm. Brit. Mus.
Sus Gambianus Gerrard, Cat. Bones. Brit. Mus, 277.

Bam. — Gambie, Casamence, — où il est assez commun; on l'ob serve également sur la côte, à Rufisque et Joalles notamment.

TYLOPODI Illig.

Fam. CAMELIDÆ J. Brokes.

Gen. CAMELUS Cuvier.

158. CAMELUS ARABICUS Desmoul.

Camelus Arabicus Desmoul. Dict. Class. H. N., III, p. 452.
— *dromedarius* Lin. Syst. Nat. éd. 12, p. 70.
Le Chameau Buffon, H. N., t. XI, p. 9.

Gelemme. — Commun. — Toute la Sénégambie, plus particulièrement la rive droite du Sénégal et la ligne de côtes.

Le Chameau est surtout employé par les Maures; on en voit de couleurs différentes, depuis le brun foncé jusqu'au blanc presque pur. Ces derniers, toutefois, sont plus rares; la teinte isabelle domine.

TRAGULIDÆI H. et A. M. Edw.

Fam. TRAGULIDÆ H. et A. M. Edw.

Gen. HYEMOSCHUS Gray.

159. HYEMOSCHUS AQUATICUS Gray.

Hyemoschus aquaticus Gray, Ann. and. Mag. N. H., XVI, p. 305.
Moschus aquaticus Ogilby, P. Z. S. of Lond., 1840, p. 35.

Bomoraïh. — Assez commun. — Se tient sur les bords de la Casamence et de la Gambie.

M. le Dr Colin nous affirme que cette espèce vit aussi sur les bords du Bakoy et du Bafing, où elle est connue des Européens sous le nom de *Biche Cochonne,* qu'elle porte également sur les côtes de la Gambie.

PECORIDÆI H. et A. M. Edw.

Fam. BOVIDÆ Gray.

Gen. BOS Lin. *(pro parte)* (1).

160. BOS ZEBU J. Brookes.

Bos Zebu J. Brookes. Cat. Mus., 1825, p. 65.
— *Indicus* Lin. Syst. Nat. 99, et Auctorum.

---

(1) Les Races de Bœufs domestiques, que l'on rencontre en Sénégambie, sont toutes dérivées du *Bos Indicus* Lin., communément désigné sous le nom de *Zebu*. « Ce type *Zebu,* comme le dit le Professeur P. Gervais (*H. N. Mamm.,* t. II, p. 183), n'est pas une simple variété du Bœuf ordinaire, mais

Le Zebu Buffon, H. N., t. XL, p. 439, *pro parte*.
Zebu grande race Desm. Mamm., p. 499.

Nack. — Commun. — Toute la Sénégambie ; employé comme bête de somme par les Maures, les Pouls, etc. ; employé également comme animal de boucherie.

Nous ne pouvons entrer dans les détails anatomiques que nécessite la distinction du Bœuf ordinaire et du Zebu ; nous renvoyons, pour certains renseignements, au Mémoire que nous avons publié à ce sujet dans les *Nouvelles archives du Muséum* (2e série, t. II, 1879, p. 159) ; la différenciation des races de Zebus rentre dans le même cadre (*loc. cit.*, p. 166 et seq.), et nous devons nous borner ici à caractériser nos races Sénégambiennes.

Celle que nous inscrivons sous le nom de *Bos Zebu*, la plus commune de toutes, atteint une taille égale à celle de nos moyens Bœufs de France ; la couleur du pelage varie entre le brun très clair et le gris brun pâle ; cette dernière teinte cependant est la moins commune ; les cornes, de dimensions ordinaires, sont disposées régulièrement, légèrement lyrées, le fanon est court et peu développé, la gibbosité volumineuse ; les jambes sont relativement longues.

Employé comme bête de somme par les Maures, les Pouls, etc., cette race est plus spécialement élevée pour la consommation. C'est bien l'une de celles dont parle Golbery (*Voy. au Sénégal*, t. II, p. 326), chez laquelle il signale la « bosse, cette masse formant sur le garrot une saillie de près d'un pied, morceau fort estimé. »

---

une véritable ESPÈCE, depuis longtemps domestiquée en Asie, et l'un des animaux les plus utiles aux peuples Indous. »

Il se distingue non seulement par ses formes extérieures, mais par des caractères anatomiques des plus accusés. Transporté de l'Inde continentale en Afrique, il s'est modifié sous l'influence de l'homme ; les formes que nous allons examiner s'éloignent donc du type ou des types Indiens ; aussi, afin d'établir une démarcation tranchée, nous les désignons par des appellations caractéristiques ; en outre, nous appliquons au type le plus commun de la Sénégambie la dénomination de *Zebu*, imposée en 1825 par J. Brookes, afin de le distinguer de l'*Indicus*, type Indien dont on donne le nom à tort, selon nous, à toutes les races qu'il a produites.

La bosse et la langue, en effet, sont les parties du Zebu les plus recherchées et celles que les Chefs de village offrent en présent. Bien souvent pareil cadeau nous a été fait durant nos explorations, et c'est toujours avec reconnaissance que nous l'avons reçu comme témoignage d'affection, disons-le bien haut, d'affection vraie, c'est-à-dire exempte de toute arrière-pensée, de ces Nègres dont on se plaît souvent tant à médire, et chez lesquels le cœur sait noblement vibrer.

« En Afrique, dit le Professeur P. Gervais (*H. N. Mamm.*, t. III, p. 180), les Bœufs sont moindres que les nôtres, ils sont même beaucoup plus petits au Sénégal, où vit une race à peine supérieure à un Sanglier pour les dimensions. »

Cette assertion, également émise par Godron (*De l'espèce et des races dans les êtres organisés*, t. I, p. 430), est complètement erronée ; la taille des Bœufs du Sénégal égale toujours celle de nos Bœufs d'Europe, quand elle ne la surpasse pas, ce qui existe fréquemment ; pour la petite race, elle est inconnue en Sénégambie et particulière à l'Inde, témoin l'exemplaire des Galeries de Zoologie du Muséum portant la mention *Zebu nain de l'Inde*, probablement celui offert par les ambassadeurs de Tipoo-Zaïb (*Nouv. Arch. Mus., loc. cit.*, p. 161).

161. BOS TRICEROS Rochbr.

Pl. VI, fig. 1.

Bos triceros Rochbr. Bull. Soc. Phil., Paris, 28 octobre 1882.
Race de Bœuf domestique Rochbr. Nouv. Arch. Mus. 2e série, t. III, p. 159, — et Acad. Sc. Compt. rend., 2 août 1880.

B. — CORPUS ELATUM ; CAPUT ELONGATUM ; CORNUBUS TRIBUS ; POSTERIORIBUS DUOBUS, SUBTERETIBUS, GRACILIBUS, EXTRORSUM SURSUMQUE CURVATIS ; ANTERI NASALI, PYRAMIDALE ; AURIBUS ELLIPTICIS RECTIS ; DORSO GIBBOSO ; PALEARIBUS LAXIS ; ARTUBUS TENUICULIS ; CAUDA LONGA, SUBTILI ; CORPUS PILIS BREVISSIMIS PALLIDE RUFIS, PASSIM GRISEO CÆRULESCENTIBUS, VESTITUM.

Animal de taille assez haute, fort, robuste, à corps maigre, relativement long, à partie antérieure large, la postérieure étroite; peau à rides profondes dans la région du cou et des flancs; tête allongée, cornes frontales de volume médiocre, présentant une double courbure, étui portant dans les deux tiers inférieurs six ou huit lignes concentriques plus ou moins espacées, rugueuses et imbriquées, la partie supérieure lisse, à fibres onduleuses et sillonnée à partir de la pointe jusqu'au milieu de la portion lisse; corne nasale parfois conique, plus ordinairement ayant la forme d'une pyramide tronquée, rugueuse, sillonnée, semblable aux cornes frontales par sa contexture et son mode de développement; oreilles droites, longues, elliptiques nues; fanon développé, ventre légèrement levretté, bosse haute, conique; pelage court, lustré, rougeâtre pâle, mélangé de gris bleuâtre plus spécialement en dessus; queue mince, dépassant le jarret, à bouquet terminal peu fourni; membres relativement grêles; sabots courts, elliptiques, à bouts arrondis.

Longueur du bout du museau à l'origine de la queue	2m	98c
Longueur de la queue	0	89
Hauteur moyenne	1	60
Longueur des cornes	0	33
Ecartement des cornes à leur point d'insertion	0	10
— à leur pointe	0	35
Hauteur de la corne nasale	0	09
Largeur	0	06
Epaisseur	0	03

Nack-Loojh-Oua. — Commun. — Territoire du Fouta-Djalon, Oualo, Cayor, haut du fleuve, Cap-Blanc, Joalles, Rufisque, Saint-Louis, Dakar, etc. Employé au transport des marchandises surtout par les Maures Trarza, Brakna, Douaïch et Oualed-Embark; souvent employé également comme animal de boucherie, mais moins fréquemment que la race précédente.

La présence à la région susnasale d'une protubérence osseuse (noyau) surmontée d'une véritable corne, caractérise cette race et lui donne un facies particulier; le mémoire que nous avons d'abord présenté à l'Institut, puis publié dans les nouvelles archives du Muséum sur son ostéologie, nous dispense de la décrire plus longuement; nous ajouterons toutefois, comme à la fin du mémoire précité, que nous avons affaire non pas à une anomalie, mais à une véritable race depuis longtemps créée, ainsi que le démontre le grand nombre des individus porteurs d'une corne nasale. Ce fait, que nous avons été le premier à faire connaître, est chaque jour confirmé par nos excellents confrères de la marine ; à côté du spécimen type des Galeries d'Anatomie comparée du Muséum, on peut voir une belle suite de têtes en tout semblables, dues aux bons soins de Naturalistes dévoués, nos affectionnés confrères, MM. les Docteurs L. Savatier et Colin.

162. BOS GALLA Salt.

Bos Galla Salt. Travels. et Gray, Cat. Mamm. Brit. Mus., 1852, p. 20.
— *Abessinicus* Donnd. Zool. Beitr., 693, 1792.

Nack. — Amené de l'intérieur par troupeaux que les Nègres dirigent sur la rive des Maures ; fréquent à Dakar.

Cette race, splendidement belle par sa taille, ses formes élégantes, son pelage gris jaunâtre doré, et les immenses cornes dont sa tête est garnie, a été à tort classée par Gray (*loc. cit.*) comme variété du Bœuf ordinaire. Elle appartient à la section des Zébu par la présence d'une bosse haute et largement développée.

163. BOS DANTE Link.

Bos Dante Link. Beitr. Nat. II, p. 95, 1795.
Dante Purchas, Pilgrim II, 1002.

Nack. — Assez commun. — Gambie, Casamence, Cap Sainte-Marie et en général le littoral jusqu'au Cap-Vert.

Sa couleur est d'un gris jaunâtre mélangé de brun et sa taille un peu inférieure à celle du Bœuf ordinaire.

164. BOS HARVEYI Rochbr.

Bos Harveyi Rochbr. Bull. Soc. Phil. Paris, 28 octobre 1882.
— *Taurus Var.* Harvey, Mag. Nat. Hist., 1828, p. 217.
— Varsey, Monogr. of the gen. Bos, 1857, p. 137.

B. — CORPUS CRASSUM; CAPUT LATUM, ABBREVIATUM; CORNUBUS CONTRACTIS, ANTRORSUM CURVATIS; AURIBUS RECTIS ABBREVIATIS; OCULIS EXTANTIBUS, EMINENTIBUS; DORSO LATE GIBBOSO; PALEARIBUS DECUMBENTIBUS; ARTUBUS CRASSIS; UNGUIBUS DIGITORUM RUDIMENTARIORUM ELONGATIS, INCURVATIS; PILIS SORDIDE ALBIS, VEL PALLIDE LUTEIS.

Animal robuste, trâpu. Tête courte, ainsi que les cornes, un peu dirigées en avant et faiblement courbées; front large, couvert de poils frisés brunâtres; oreilles droites, ovales, petites; yeux très saillants; bosse dorsale peu élevée, large; fanon pendant, très développé; jambes épaisses, courtes; queue longue, terminée par un fort bouquet de poils roussâtres; pelage d'un blanc jaunâtre; doigts rudimentaires armés d'ongles longs, robustes, arqués, plus longs aux pieds de devant.

Longueur du bout du museau à l'origine de la queue............	2m	30c
Longueur de la queue..	0	78
Hauteur moyenne...	1	08
Longueur des cornes...	0	16
Ecartement des cornes à leur point d'insertion................	0	10
— à leur pointe..........................	0	13
Longueur moyenne des ongles des doigts rudimentaires.........	0	12

Nack. — Toute la Sénégambie. — Assez fréquent sur le littoral; Dakar, Joalles, Rufisque, Cap Sainte-Marie, etc.

C'est en 1828 qu'Harvey fit connaître cette race remarquable. Personne, que nous sachions, ne l'a mentionnée depuis lui; elle est cependant assez répandue en Sénégambie; nous l'avions notée sur nos cahiers de voyage; en retrouvant aujourd'hui notre description semblable à celle du *Magazine of Natural History* de

Londres, nous l'inscrivons sous le nom du Naturaliste qui en a le premier parlé.

Ses caractères les plus accusés résident dans le développement considérable des ongles des doigts rudimentaires ; de même que la corne nasale de notre *Bos Triceros,* ils ne constituent pas une anomalie individuelle, mais une race, puisqu'ils existent sur un grand nombre de sujets et se reproduisent toujours dans les mêmes conditions, à travers les générations successives. Il en est de même pour la disposition des yeux, fortement saillants, arrondis, à iris d'un bleu clair.

Gen. **BUBALUS** H. Smith.

165. BUBALUS ÆQUINOCTIALIS Blith.

Bubalus æquinoctialis Blith. P. Z. S. of Lond. 1863, p. 371, f. 1.1a.
— *Caffer Var.* Blith. Loc. cit.
— *Centralis* Gray, Cat. Rum. Brit. Mus., p. 11.

Neesseäjh. — Commun. — Plaines de Kita, bords du Bakoy et du Bafing, Falémé.

Il est impossible de se ranger à l'opinion de M. Brooke (P. Z. S. of Lond. 1873, p. 483.) et de considérer cette espèce comme la souche orientale du *Bubalus brachyceros* dont elle diffère par la forme de ses cornes, sa taille et la couleur de son pelage; bien distincte aussi du *Bubalus Caffer* ou Buffle du Cap, elle ne peut lui être rapportée.

Elle atteint la taille de ce dernier et présente une teinte uniforme *brun olive* des plus accusées.

M. le Dr Colin nous l'indique comme fréquente dans toute la région du haut fleuve.

166. BUBALUS BRACHYCEROS Gray.

Bubalus brachyceros Gray, Mag. Nat. Hist., 1er ser., t. XIII, p. 284.
Bos brachyceros Gray, Mag. Nat. Hist., 1837, p. 589.

Neesseajh. — Assez commun. — Gambie, Casamence, Cap Sainte-Marie.

C'est avec les cornes de cette espèce et de la précédente que les Nègres fabriquent ces splendides poires à poudre recouvertes de cuir ouvragé et d'un prix fort élevé dans le centre même de production.

Manquant de documents suffisants, nous ne pouvons nous arrêter plus longtemps sur les Buffles de la Sénégambie. Nous croyons fermement que d'autres espèces habitent cette vaste région, et nous faisons des vœux pour que les explorateurs s'attachent à la recherche de ces animaux dont, malgré de nombreux travaux, l'histoire est loin d'être complète.

Fam. TRAGELAPHIDÆ Gray.

Gen. OREAS Desm.

167. OREAS DERBIANUS Gray.

Pl. VII, fig. 2.

Oreas Derbianus Gray, Know. Menag. 27, t. 25, et P. Z. S., 1850, p. 144.
Boselaphus Derbianus Gray, Ann. and Mag. Nat. Hist., t. XX, p. 286.
Oreas Livingstoni Sclater. P. Z. S. of Lond., 1864, p. 105.

Diguidanga. — Vit en troupes nombreuses dans les forêts et les plaines herbeuses de la Gambie et de la Casamence; se rencontre également dans les plaines de Kita, sur les rives du Bakoy, du Bafing, de la Falèmé, etc.

D'après les Naturalistes Anglais, l'*Oreas Derbianus* serait propre à la Gambie, à la Casamence et à Sierra-Leone; son existence dans le haut Sénégal est incontestablement démontrée par les individus que nous y avons vus et ceux que M. le Dr Colin y a également rencontrés. La même espèce habite d'autres régions de l'Afrique. Livingstone dans ses *Missionary travels in south Africa* (1857, p. 210) décrit et figure : « *a new undescribed variety of splendid antelope* », retrouvée par le capitaine Speke et le Dr Kirk dans le Zambèze, dont M. Sclater fait une espèce sous le nom d'*Oreas Livingstoni* (P. Z. S., 1864, p. 105) et qui pour nous est identique à l'*Oreas Derbianus*.

M. Sclater, en effet, donne comme caractéristique de l'*Oreas Livingstoni:* une bande dorsale noire très distincte « *a very distinct black dorsal band* », une manchette également noire à la partie postérieure des membres antérieurs juste au-dessus du genou « *a broad black band strongly marked on the hinder part of the forelegs, above the bend of the knee* », de plus 7 ou 8 lignes blanches le long des flancs.

Or, si l'on compare cette description avec celle de l'*Oreas Derbianus,* donnée par Gray (P. Z. S. of Lond., 1850, p. 144), on trouve entre autres caractères fondamentaux une bande dorsale noir foncé « *a dorsal streak dark black* » et une tache de même couleur, au côté postérieur de la partie supérieure des jambes de devant « *hinder side of the upper part of the foreleg dark black* ».

La seule différence entre les deux animaux consiste en ce que le premier compte 7 ou 8 bandes blanches sur les flancs, tandis que le second en possède 14 ou 15 ; mais cela suffit-il pour caractériser une espèce ? évidemment non ! L'*Oreas Livingstoni* n'est pour nous qu'un *Oreas Derbianus*.

168. OREAS COLINI Rochbr.

Pl. VII, fig. 1.

Oreas Colini Rochbr. Bull. Soc. Phil. Paris, 28 octobre 1882.

O. — ANIMAL MAGNITUDINE TAURI ; COLORE PALLIDE CINEREO ; CAPUT CRASSUM, ABBREVIATUM ; SCANALATURA FRONTALE ELEVATO-GIBBOSUM, 2 FASCICULIS PILORUM CRISPATORUM, ANTICO NIGRESCENTE, POSTICO FULVESCENTE ; AURICULIS LATIS EXTUS NIGRIS, INTUS ET MARGINE ALBIDIS ; CORNUBUS CRASSIS, ELONGATIS, PICEIS, ANTRORSUM CURVATIS A BASI AD MEDIUM CARINA SPIRALI ELEVATA CONTORTIS.

Animal de forte taille, égalant celle de nos plus forts Bœufs de

France. Teinte générale gris pâle ; tête ovoïde gris de souris, à chanfrein très largement busqué et portant une touffe de poils frisés brun noirâtre ; une seconde touffe de poils roux, également frisés sur le sommet du front en avant des cornes ; celles-ci très fortes, longues, un peu courbées en avant, à carène épaisse, saillante, régnant seulement dans la première moitié de leur longueur; oreilles larges, noirâtres sur les bords, blanchâtres intérieurement; yeux bruns.

Diguidanga. — Forêts de Kita.

La découverte de cette espèce remarquable est due à M. le Dr Colin ; elle est assez fréquente dans les forêts de Kita où il a pu se procurer la tête que nous figurons d'après un de ses croquis faits sur nature. Grâce au zèle et au dévouement de notre excellent confrère, les Galeries du Muséum de Paris ne tarderont pas à s'enrichir d'un spécimen monté et d'un squelette de l'*Oreas Colini*, sur lequel nous nous réservons de publier un travail aussi complet que possible.

Sur notre planche VII nous avons représenté la tête de l'*Oreas Colini* (1) à côté de celles des *Oreas Derbianus* (2) et *Oreas Canna* (3) afin de montrer les différences caractéristiques des trois espèces.

Gen. TRAGELAPHUS Blainv.

169. TRAGELAPHUS EURYCEROS Gray.

Tragelaphus Euryceros Gray, Knows. Menag. 27, t. 23, f. 1, et P. Z. S. of Lond., 1850, p. 144.

Antilope Euryceros Ogilby, P. Z. S. of Lond., 1836, p. 120.

N'Tyerri. — Assez commun. — Cayor, Oualo, forêts de Gommiers de la rive droite du Sénégal.

170. TRAGELAPHUS DECULA Gray.

Tragelaphus Decula Gray Knows .Menag. 28, et P. Z. S. of Lond., 1850, p. 145.
Antilope Decula Rupp. Wirt. Faun. Abyss., p. 11, taf. 4.

N'Tierri. — Forêts de Kita, plaines du Bakoy, Falèmé, Podor, Dagana, où l'espèce est assez commune.

C'est encore un des types Abyssiniens dont l'aire d'extension descend jusqu'aux régions supérieures de la Sénégambie.

171. TRAGELAPHUS SCRIPTUS Gray.

Tragelaphus scriptus Gray, P. Z. S. of Lond., 1850, p. 145.
— *scripta* Gray, Knows. Menag., p. 28, t. 28.
Le Guib. Buffon, H. N., t. XII, p. 305, pl. 40.

N'Tierri. — L'une des espèces les plus communes de la Sénégambie.

On ne sait pourquoi Gray donne comme nom indigène de cette espèce justement celui des Nègres Ouolofs. (*Called Oualofes or Zalofes, loc. cit.*, p. 145.)

172. TRAGELAPHUS GRATUS Sclat.

Pl. VIII, fig. 1.

Tragelaphus gratus Sclat. P. Z. S. of Lond., 1880, p. 452, pl. XLIV.
— Rochbr. Bull. Soc. Phil. Paris, 28 octobre 1882.

T. — CAPUT ABBREVIATUM, ADMODO CONICUM, AB OCULIS INDE ATTENUATUM, RUFO CASTANEUM, UTRINSECUS QUADRIMACULATUM, MACULIS ALBIS 3 OBLONGIS SUB OCULO TRIANGULA FORMA POSITIS, ALTERA LATE ELLIPTICA AD BASIN AURICULÆ CONTIGUA; CORNUA BRUNNEA, INCURVATA, ANTICE COMPRESSA, LATERALITER SEMISPIRALI CARINATA; AURICULÆ LATÆ, EXTUS NIGRESCENTES, INTUS PILIS ALBIDIS MARGINATÆ; CORPUS PILIS LONGIS RIGIDIS CASTANEIS HIRTUM; COLLO, VENTRE, CLUNIBUS,

FAUCIBUS, ARTUBUSQUE CASTANEO NIGRICANTIBUS ; 2 FASCIIS GUTTURALIBUS TRANSVERSIS ALBIDIS ; CRURIUM PARS INTERNA PEDUMQUE SUFFRAGO MACULIS ALBIS NOTATÆ ; LINEA DORSALIS NIGRA ; LATERA 6-7 STRIGIS SUBLATIS INTERRUPTIS PICTA ; CLUNES 3-4 SERIEBUS MACULARUM DISTANTIBUS ALBIS NOTATÆ ; CAUDA BREVIS FUSCA.

Animal de taille supérieure à celle du *Tragelaphus scriptus;* corps trapu; tête courte à museau fin, d'un brun roussâtre; nez noir; trois taches blanches de chaque côté en dessous des yeux; insertion des oreilles également blanchâtre; oreilles larges, noires, bordées intérieurement de longs poils blancs; cornes de longueur médiocre, un peu incurvées, aplaties et comprimées en avant, anguleuses sur les côtés externes; poils longs; teinte générale brun foncé, roussâtre sur le cou; ventre d'un brun noirâtre très foncé, ainsi que la partie postérieure des fesses, la gorge, le devant du cou et les parties externes des membres; ceux-ci roussâtres en dedans; une tache blanche à la patrie interne des jambes de devant et aux quatre pieds au-dessus des sabots; deux larges taches triangulaires blanches, l'une à la gorge, l'autre au milieu du cou; une ligne de poils blanchâtres mélangés de noir sur toute l'étendue du dos; de 6 à 7 bandes assez larges, interrompues, blanches, perpendiculaires à la ligne des flancs; une bande de poils blancs disposés en mèches, placés horizontalement à la région supérieure du ventre; 3 à 4 autres bandes semblables sur chaque fesse; queue courte et brune; jambes élancées; doigts et sabots courts; ces derniers ovoïdes.

La femelle ne diffère du mâle que par sa teinte générale qui est d'un roux doré; pour tout le reste elle lui est semblable; il en est de même pour les jeunes.

Longueur du bout du museau à l'origine de la queue........	1m	330mm
Longueur de la queue..................................	0	270
Hauteur du train de devant............................	0	870
Hauteur du train de derrière..........................	0	950
Longueur des cornes...................................	0	252
— du métacarpe.....................................	0	211
— du métatarse.....................................	0	240
— des doigts.......................................	0	060
— des sabots.......................................	0	050

N'Tierri. — Assez rare ; plaines du Cayor, Oualo, où l'espèce vit sur la lisière des bois.

La description inexacte de M. Sclater, la figure on ne peut plus mauvaise qu'il donne de la femelle, nous ont engagé à décrire cette espèce d'après des individus vivants, et à figurer le mâle inconnu à M. Sclater. Nous ne pouvons suivre le Secrétaire de la Société Zoologique de Londres dans la comparaison qu'il établit entre le *Tragelaphus gratus* et le *Tragelaphus Spekii*, cette dernière espèce nous étant inconnue ; il est possible que la longueur des tarses et des doigts soit telle chez elle, qu'elle ait nécessité la création du genre *Hydrotragus* dont pour Gray, auteur du genre, le *Tragelaphus Spekii* est le type; mais nous ne reconnaissons dans le *Tragelaphus gratus* aucun caractère propre à l'y faire rentrer; la forme et la longueur des tarses et des doigts ne dénotent en aucune façon des habitudes aquatiques « *aquatic and marsh-loving habits* » (Sclater, *loc. cit.*), il lui serait du reste difficile de se livrer à des bains prolongés dans les contrées arides où il se tient exclusivement.

Pour M. Sclater encore, le *Tragelaphus gratus* provient du Gabon ; c'est possible, mais nous ne l'avons jamais observé en Gambie et en Casamence, où tant d'espèces communes avec le Gabon existent, tandis que nous l'avons *vu* et *tué* dans les plaines du Cayor !

Fam. ORYGIDÆ Gray.

Gen. ORYX Blainv.

173. ORYX LEUCORYX Gray.

Oryx leucoryx Gray. Knows. Menag. 17, 2, 16, f. 1, jeune.
Antilope leucoryx Pallas. Ehrenb. S. P., t. 3.

M'Bende. — Commun dans toute la Sénégambie.

Gen. **ADDAX** Gray.

174. ADDAX NASOMACULATUS Gray.

Addax nasomaculatus Gray, Knows. Menag. 17, t. 18.
Antilope nasomaculatus Blainv. Bull. Soc. Phil. 1816, p. 76.
— *addax* Rüpp. Atl. Nordl. Afrika, p. 19, t. 7.
— *suturosa* Otto. N. A. Nat. Cur. XII, t. 48.

M'Bende. — Commun. — Cayor, Oualo, rive droite du Sénégal.

Le fond du pelage varie dans cette espèce; nous en avons observé un exemple d'un beau jaune doré pâle.

Fam. **HIPPOTRAGIDÆ** Gray.

Gen. **AIGOCERUS** H. Smith.

175. AIGOCERUS EQUINUS Gray.

Aigocerus equinus Gray, Knows. Menag. 16.
Le Tzeiran Buffon, H. N. XII, pl. 31, fig. 6 (une corne).

N'Kiebo. — Assez commun. — Gambie, forêts de Kita, haut du fleuve.

L'aire d'extension de l'*Aigocerus equinus* est excessivement vaste; les spécimens de Gambie ne diffèrent en rien de ceux de Kita.

Fam. **ANTILOPIDÆ** Gray.

Gen. **GAZELLA** H. Smith.

176. GAZELLA ISABELLA Gray.

Gazella isabella Gray, Ann. and Mag. Nat. Hist. 1846, p. 214.

Antilope dorcas Var. Sund. Pecor., p. 267.
Gazella dorcas Temm. Esq. Zool. Guinée, p. 193.

Kevel. — Montagnes et forêts des environs de Kita

177. GAZELLA DORCAS Licht.

Gazella dorcas Licht. Berl. Mag. Naturk., t. VI, p. 168.
Antilope dorcas Desm. Mamm., p. 453.

Kevel. — Assez commun. — Plaines du Bakoy et du Bafing; environs de Kita; rive droite du Sénégal et limite des forêts de Gommiers.

M. Brooke (*P. Z. S.* of Lond., 1873, p. 538) donne avec doute le Sénégal, comme l'une des régions habitées par cette espèce. Elle est éminemment Sénégambienne, car nous l'y avons souvent rencontrée, et M. le Dr Colin l'a également observée.

178. GAZELLA RUFIFRONS Gray.

Gazella rufifrons Gray, Ann. Nat. Hist., t. XVIII, p. 214.
Antilope corina Goldf. Schreb. Supp., t. V, p. 1193, pl. 270-271.
La Corine Buffon, H. N., t. XII, p. 261, pl. 270.

Kevel. — Se rencontre en troupes nombreuses dans toute la haute Sénégambie.

179. GAZELLA CUVIERI Brooke

Gazella Cuvieri Brooke, P. Z. S. of Lond., 1873, p. 542
Antilope Cuvieri Ogilby, P. Z. S. of Lond., 1840, p. 35
Le Kevel gris F. Cuvier, H. N. M.

Kevel. — Assez commun dans les plaines de Kita.

Les Maures de la rive droite apportent assez souvent la dé

pouille de cette espèce, qu'il n'est pas possible de confondre avec ses congénères.

180. GAZELLA DAMA Gray.

Gazella dama Gray, P. Z. S. of Lond., 1850, p. 114.
Antilope dama Pall. Misc., p. 5.
Gazella ruficollis Gray, Cat. Rum. Brit. Mus., p. 39.
— *mohr* Turner (pro parte), P. Z. S. of Lond., 1850, p. 168.

Kevel. — Toute la haute Sénégambie : — Plaines de Kita, Bakoy, Bafing, rive droite du fleuve.

181. GAZELLA MOHR Gray.

Gazella mohr Gray, Cat. Rum. Brit. Mus., p. 39.
Antilope mohr Benn. P. Z. S. 1833, p. 1.
— *dama* Pall. Spec. Zool., fasc. 1, p. 8.
Le Nanguer Buffon, H. N., vol. XII, p. 213, pl. 34.

Kevel. — Habite toute la Sénégambie.

Fam. CERVICAPRIDÆ Gray.

Gen. ADENOTA Gray.

182. ADENOTA KOB Gray.

Adenota Kob Gray, P. Z. S. of Lond., 1830, p. 129.
Antilope Kob Ogilby, P. Z. S. of Lond., 1836.
Kobus Adansonii A. Smith, G. A. K. IV, 224, t. 184.

Kobäjh. — Assez commun. — Gambie, Casamence, Oualo, Cayor, etc.

Gen. **KOBUS** H. Smith.

183. KOBUS SING-SING Gray.

Kobus Sing-Sing Gray, Knows. Menag. 15.
Antilope Sing-Sing Benn. Waterh. Cat. Zool. Soc. Mus. 41, nº 378.
— *unctuosa* Laur. d'Orb. Dict. H. N. 1, p. 622.
Le Koba Buffon, H. N. t. XII, p. 210, 267, t. 32, f. 2 (cornes).

Dobsa. — Assez fréquent dans le Oualo, le Cayor et le haut Sénégal.

Nous ne connaissons pas cette espèce, de Gambie, où elle est signalée par Gray (*P. Z. S.* of Lond., 1850, p. 131).

Les descriptions des auteurs ne concordent pas avec les spécimens que nous avons vus; nous en donnons la diagnose suivante :

Tout le dessus du corps brun taché de noir; flancs, épaules, dessous du cou, gris noirâtre; dessus du cou fauve, avec une bande blanche dans la région de la gorge; fesses fauves portant en arrière une large tache blanche; jambes brun foncé; tour du sabot blanc; queue rousse en dessus, blanche en dessous, terminée par un bouquet de poils noirs. Cornes à 16 anneaux.

Les femelles et les jeunes sont d'une teinte roux Isabelle.

Comme l'observe Gray, la longueur du poil varie suivant les saisons, mais contrairement à son assertion la couleur ne change pas.

Nous ne pouvons avec certains Zoologistes, Gray entre autres, assimiler au *Kobus Sing-Sing*, le *Kobus* (*antilope*) *Defassa*, d'Abyssinie, décrit par Ruppel. Sa couleur, sa taille, la forme de ses cornes l'en différencient selon nous d'une manière complète.

Gen. **ELEOTRAGUS** Gray.

184. ELEOTRAGUS REDUNCUS Gray.

Eleotragus reduncus Gray, P. Z. S. of Lond., 1850, p. 127, et Knows. Menag. 13, t. 13.

Antilope redunca Pallas, Ruppel. Wirlett. Faun. Abyss., p. 20, pl. 7, f. 1.

Dobsa. — Toute la haute Sénégambie.

Gen. **NANOTRAGUS** Sundev.

185. NANOTRAGUS NIGRICAUDATUS Brooke.

Nanotragus nigricaudatus Brooke, P. Z. S. of Lond., 1872, p. 875, pl. LXXV.

Casamence, Gambie, environs de Sainte-Marie-de-Bathurst.

186. NANOTRAGUS PYGMÆA Brooke.

Nanotragus pygmæa Brooke, P. Z. S. of Lond., 1872, p. 641, f. p. 642. (Tête.)
Capra pygmæa Lin. Syst. Nat., 10ᵉ éd.
Moschus pygmæus Lin. Syst. Nat., 12ᵉ éd., p. 92.
Antilope pygmæa Pallas, Spic. Zool., fasc. XII, p. 18.
Royal antelope Penn. Syn. Mamm., p. 28.
Antilope spinigera Temm. Mon. Mamm., I, pl. XXX.
Calotragus spiniger Temm. Esq. Zool. Guinée, p. 201.
Cervus juvencus perpusillus Seba, Thes. 1, 70, t. 43, f. 5.
— Adanson, Voy. Sénég., p. 114.

Touti N'Dyojh. — Rare. — Toute la côte depuis le Cap-Vert.

Cette intéressante espèce, commune du temps d'Adanson, tend chaque jour à disparaître des localités où le savant voyageur l'a observée pour la première fois. « Quand je me rendais à la forêt de Krampsane, près Rufisque, dit-il, le gibier ne manquait pas dans ces quartiers; il y avait beaucoup de Gazelles et de cette petite espèce de Biches qui ont à peine la grandeur du lièvre; *Cervus juvencus perpusillus Guineensis*, de Seba » (*loc. cit.*, p. 114).

« Le cerf de Guinée, dit encore Adanson, dans son Cours d'Histoire Naturelle (Ed. Payer, p. 300, t. 1.), commun depuis le

Cap-Vert jusqu'au Congo, vit dans les sables et se retire dans les buissons; il a à peine la grandeur d'un jeune lièvre, le poil fauve brun, le ventre blanc.»

Fam. CEPHALOPHIDÆ Gray.

Gen. CEPHALOPHUS H. Smith.

187. CEPHALOPHUS CORONATUS Gray.

Cephalophus coronatus Gray, Ann. and Mag. Nat. Hist., 1842, t. X, p. 266.

Grim. — Forêts de la Gambie et de la Casamence, où il est assez rare.

188. CEPHALOPHUS MADOQUA Gray.

Cephalophus madoqua Gray, Knows. Menag., 9.
Antilope madoqua Rupp. Wirbelt. Faun. Abyss. 2, 7, f. 2.

Grim. — Assez fréquent; coteaux ferrugineux et boisés au delà de Kita, au bord du Bakoy (Dr Colin).

189. CEPHALOPHUS RUFILATUS Gray.

Cephalophus rufilatus Gray, Ann. and Mag. Nat. Hist. 1846, p. 166.
Antilope grimmia H. Smith, G. A. K., t. V, p. 266.
La Grimme Buffon, H. N., t. XII. 2, t. 41, f. 2.

Grim. — Habite avec le précédent, s'observe aussi dans la Casamence.

190. CEPHALOPHUS MAXWELLII Gray.

Cephalophus Maxwellii Gray, Knows. Menag. 11, t. 12.
Antilope Maxwellii H. Smith, G. A. K., t. IV, p. 267.
— *Frederici* Laur. d'Orb. Dict. H. N., t. II, p. 515.

Grim. — Assez commun dans toute la Sénégambie, Kita, bords de la Falèmé, Podor.

191. CEPHALOPHUS WHITFIELDII Gray.

Cephalophus Whitfieldii Gray, Knows. Menag. 12, t. 11, f. 2.

Grim. — Rare. — Gambie, Casamence.

Fam. ALCELAPHIDÆ Gray.

Gen. BOSELAPHUS Gray.

192. BOSELAPHUS MAJOR E. Blith.

Boselaphus major E. Blith, P. Z. S. of Lond., 1869, p. 51 et pl. X, (Cornes).

Gangaraĭh. — Plaines du Bakoy et du Bafing, environs de Kita (Dr Colin).

Gen. DAMALIS H. Smith.

193. DAMALIS SENEGALENSIS Gray.

Damalis Senegalensis Gray, Knows. Menag. 21, t. 21.
Antilope Senegalensis H. Smith, G. A. K., t. V, t. 199, f. 3.

Gangaraĭh. — Toute la Sénégambie, de Kita à la Casamence.

Le nom de *Yunga* ou *Yongah*, donné par les Ouolofs à cet animal, d'après Gray, sur les indications de M. Whitfield, et celui de *Tan-Rang*, donné par les Mandingues, sont faux et erronés.

194. DAMALIS ? ZEBRA Gray.

Damalis? zebra Gray, Knows. Menag., 22.

Antilope? zebrata Robert et P. Gervais. Hist. Nat. Mamm., t. II, p. 202.

Apporté par les Nègres et les Maures, de l'intérieur.

Nous avons inutilement cherché à nous procurer l'animal entier, fournissant les peaux que Gray a rapportées avec doute au genre *Damalis*. C'est sans doute par suite d'une superstition que les naturels refusent de les vendre exempts de mutilations.

Fam. HIRCIDÆ Brooke.

Gen. CAPRA Sundev.

195. CAPRA NUBIANA F. Cuv.

Capra Nubiana F. Cuv., Mamm. Lith., 1825.
— Gray, Cat. Mamm. Brit. Mus., 168.
Ibex Nubiana Gray, List. Osteol. Spec. Brit. Mus., 60.
Capra Sinaitica Ehrenb. Syn. Phys., t. 18.

Phass. — Rare. — Haut Sénégal; montagnes du Fouta; hauteurs de Kita; Bakoy.

Nous n'avons aucun doute sur l'authenticité de cette espèce comme Sénégambienne.

Un spécimen existant dans les Galeries de Zoologie du Muséum est étiqueté comme provenant du Sénégal. C'est celui dont parle Gray dans son Catalogue des Mammifères du British Muséum, publié en 1852, p. 152, et qu'il considère comme variété; *Legs less black*, les jambes sont moins noires que dans le type, dit-il; ce spécimen, de taille un peu plus petite que les exemplaires de Nubie, présente en effet une teinte blanchâtre à l'intérieur des membres et des taches allongées de même couleur à la partie antéro-postérieure du métacarpien, mais nous ne croyons pas que cette légère différence de coloration puisse conduire à le distinguer du type même comme variation, d'autant plus qu'un autre individu de Nubie lui est identiquement semblable.

Le *Capra Nubiana* a été connu d'Adanson; dans son Cours d'Histoire Naturelle (éd. Payer, t. 1, p. 299), il dit en effet : « Le Bouquetin du Sénégal diffère de celui d'Europe en ce que ses cornes sont minces et comprimées par les côtés, plus arquées et à anneaux; il paraît être le même que le *Pasen* de la Perse. »

Gen. HIRCUS Wagn.

196. HIRCUS DOMESTICUS Briss.

Hircus domesticus Briss., R. An., 62.
Capra hircus Linn. Faun. Suec., 15.
— *ægagrus* Gmel. Syst. Nat. 1, p. 193.
Le Bouc Buffon, H. N. XII, p. 146, t. 15.

Phassba. — Peu commun. — Domestiqué chez les Maures de a rive droite, mais moins recherché que la race suivante.

Adanson (*Cours d'Hist. Nat.*, Ed. Payer, t. 1, p. 282) cite les Chèvres sauvages que l'on trouvait de son temps sur les montagnes des Iles du Cap-Vert et surtout à Boavista.

Les Chèvres du Cap-Vert, comme celles des Canaries, primitivement introduites par les Européens, puis abandonnées, peuvent vivre en quelque sorte en liberté dans ces régions, mais elles y ont conservé tous les caractères des Chèvres domestiques.

197. HIRCUS DEPRESSUS Schreb.

Hircus depressus Schreb., t. 287.
Capra depressa Lin. Syst. Nat. XII, p. 95.
Bouc d'Afrique Buff., H. N. XII, p. 154, t. 18.
Chèvre naine Buff., H. N. XII, p. 154, t. 19.

Phasstouti. — Commun dans toute la Sénégambie.

Cette race, de petite taille, jouit d'une réputation méritée sur les divers points où elle est élevée; les Maures en possèdent des troupeaux nombreux; elle est également commune chez les Pouls, et les Européens la recherchent à cause surtout de l'abondance et de la qualité de son lait.

La peau des tout jeunes individus, ainsi que celle des individus jeunes de la race suivante, sert à fabriquer les tapis connus sous le nom de *Tiougous,* dont les Maures semblent avoir le monopole et qu'ils vendent souvent un prix très élevé.

198. HIRCUS REVERSUS Schreb.

Hircus reversus Schreb., t. 286.
Capra reversa Lin., Syst. Nat. XII, I, p. 95.
Bouc de Juda Buff., H. N. XII, p. 154.

Phasstouti. — Toute la Sénégambie, mais moins commun que l'espèce précédente.

Fam. OVIDÆ J. Brooke.

Gen. OVIS Lin. (pro parte).

199. OVIS LONGIPES Desm.

Ovis longipes Desm. Mamm. p. 489.
— *Guineensis* Linn., Syst. Nat. XII, t. I, p. 98.
Mouton à longues jambes F. Cuv. et Geoff., Mamm. lith.
Bélier du Sénégal Buffon, H. N. XI, p. 359.

Karr. — Commun. — Est plus généralement localisé dans les parages de la Gambie et de la Casamence; on l'observe également sur la côte jusqu'au Cap Sainte-Marie. Plus rare chez les Maures et dans l'intérieur.

200. OVIS BAKELENSIS Rochbr.

Pl. IX, fig. 1.

Ovis Bakelensis Rochbr., Bull Soc. Phil., Paris, 28 octobre 1882

Adimmayn Marmol., Afrique, I, p. 59.
Adimain ou *Kar* Adanson, Cours H. N., Ed. Payer, t. 1, p. 287.
Bélier du Sénégal Adanson, Voy. au Sénég., p. 37.

O. — CAPUT SUBELONGATUM, SCANALATURA FRONTALE ARCUATUM; AURICULÆ LATÆ, DECUMBENTES; CORNUA CRASSA, REGULARITER 4 CONVOLUTA; CORPUS PRÆALTUM, ARTUBUS ELEVATIS; PILIS RIGIDIS, BREVISSIMIS, FUSCORUFESCENTIBUS VESTITUM, PASSIM MACULIS LATIS ALBIDIS NOTATUM; CAUDA LONGISSIMA, SUBEXILIS.

Animal grand, robuste, maigre, à jambes fortes et très longues; tête assez allongée, à chanfrein largement busqué; oreilles longues, pendantes; cornes très grandes, enroulées régulièrement en trois ou quatre spirales, de couleur jaunâtre clair; pelage excessivement court et rude, d'une teinte générale brun foncé rougeâtre, excepté aux épaules, aux flancs et aux fesses, où il présente de larges taches d'un blanc sale. Ces teintes varient quelquefois, mais seulement par plus ou moins d'intensité; la queue très longue est relativement mince.

Longueur du bout du museau à l'origine de la queue	0 910mm
Hauteur moyenne	0 810
Longueur de la queue	0 497

Karr. — Commun. — Haut du fleuve, Dagana, Podor, Bakel, rive droite, tout l'intérieur.

Cette race domestique, connue sous le nom de mouton de Bakel, présente beaucoup de rapports avec la race précédente, mais elle doit cependant en être distinguée. C'est à ce type qu'Adanson fait allusion dans son Cours d'Histoire Naturelle (*loc. cit.*); « l'Adimain ou Kar, dit-il, est le plus grand de toutes les races de Béliers; il égale les plus grandes Chèvres ».

Les auteurs lui rapportent, à tort, l'*Ovis longipes* de F. Cuvier et Geoffroy Saint-Hilaire. Ce dernier, en effet, diffère du nôtre surtout par l'épaisse crinière qui recouvre les parties supérieures du corps et la petitesse relative de ses cornes; il diffère également par la couleur du pelage, une taille moins élevée et un ensemble général plus trapu.

201. OVIS DJALONENSIS Rochbr.

Pl. IX, fig. 2.

Ovis Djalonensis Rochbr. Bull. Soc. Phil., Paris, 28 octobre 1882.

O. — STATURA QUADRATA; CAPUT ABBREVIATUM, SCANALATURA FRONTALE SUBRECTUM; AURICULÆ DECUMBENTES; CORNUA CRASSA SUB CIRCONVOLUTA; CORPUS PILIS RIGIDIS BREVISSIMIS, FULVIDORUFESCENTIBUS VESTITUM; CAUDA LONGA.

Animal petit, trapu, à jambes courtes; tête raccourcie, à chanfrein légèrement busqué; oreilles pendantes; cornes régulièrement enroulées, mais dans une faible étendue; pelage court, rude, d'une teinte générale fauve rougeâtre; queue longue, mince.

Longueur du bout du museau à l'origine de la queue	0 640mm
Hauteur moyenne	0 437
Longueur de la queue	0 215

La teinte et la taille toujours uniformes ne varient en aucune façon sur les nombreux sujets observés.

Karr. — Commun dans tout le Fouta-Djalon, le Damga, le Bondou, etc.

Remarquable par sa petite taille et ses formes courtes et ramassées, cette race vit par troupeaux sous la conduite des Pouls pasteurs, et semble localisée dans les régions énumérées; nous ne saurions la comparer à aucune race connue d'Afrique.

202. OVIS MELANOCEPHALUS Gene.

Ovis melanocephalus Gene, Mem. Acad. Torino XXXVI, 286.
— *ecaudatus* I. Geoff. Saint-Hil., Dict. Class. Hist. Nat. XI, 268.

Karrga. — Assez commun, mais plus généralement élevé en Gambie ; on le rencontre également dans le Fouta et le Bondou.

Cette race domestique semble provenir d'Abyssinie, d'où elle s'est étendue dans les régions où on la rencontre aujourd'hui.

203. OVIS LATICAUDATUS Erxl.

Ovis laticaudatus Erxl. in Less. Comp. Buffon, t. X, p. 312.
Mouton de Barbarie Buffon, H. N. XI, p. 355.

Idombe. — Plus commune que la race précédente, celle-ci ne se rencontre que sur la côte et plus spécialement dans les régions de la Gambie et de la Casamence.

Fam. CAMELEOPARDALIDÆ S. Long.

Gen. GIRAFFA Briss.

204. GIRAFFA CAMELEOPARDALIS Briss.

Giraffa cameleopardalis Briss, R. An. 61.
Cervus cameleopardalis Lin., Syst. Nat. 1, 192.
Cameleopardalis giraffa Gmel, Syst. Nat. 1, 181.
— *Æthiopicus* Ogilby. P. Z. S. of Lond. 1836, p. 134.
La Giraffe Buffon, H. N. XIII, 1 et Supp. III, p. 320, t. 64.

Gelendiuba. — Assez commun. — région de la haute Sénégambie ; plaines de Kita ; Tinkare, le Belédougou, Bakhounou ; plaines du Bakoy et du Bafing, etc.

Un des caractères distinctifs de la Girafe, est de posséder vers le milieu du front une saillie osseuse plus développée chez les mâles que chez les femelles, portant des poils en brosse comme les cornes frontales, et que tous les auteurs ont désignée sous le nom de corne nasale.

Pour P. Gervais, elle diffère des deux cornes frontales en ce qu'elle n'a pas comme elles de point spécial d'ossification (*Dict. H. N.*, d'Orbigny, t. VI, p. 501).

D'après R. Owen, la corne frontale (pyramide) n'est pas un os distinct, mais simplement une protubérance due à l'épaississement et à l'élévation des extrémités antérieures des frontaux et des extrémités contiguës des os du nez (*Trans. Zool. Soc. London*, t. II).

MM. Joly et Lavocat (*Recherches sur la Girafe; Mem. Soc. Mus. H. N.*, Strasbourg extr. 1845) prétendent, de leur côté, avoir constaté que cette troisième corne de la Girafe, a un point spécial d'ossification et que, comme les frontales, elle est épiphysaire. Les naturalistes de Toulouse se fondent, disent-ils, sur l'examen des têtes de Girafes des Galeries d'Anatomie comparée du Muséum.

L'observation de MM. Joly et Lavocat est inexacte; on relève même dans leur mémoire certaines contradictions qui ont lieu d'étonner.

Laissant de côté les cornes frontales, sur lesquelles les auteurs dissertent longuement pour prouver un fait connu, celui de leur nature épiphysaire, et réclamer la priorité en faveur de Pander et d'Alton, contre Cuvier et Geoffroy Saint-Hilaire, passons avec eux à l'examen de la pyramide ou corne médiane.

Pour démontrer que cette pyramide est *épiphysaire,* ils s'appuient sur cette phrase de Cuvier (*Lec. d'Anat. comp.*, t. II, p. 365) « le noyau osseux qui constitue la pyramide a cela de particulier que non seulement il offre l'exemple unique d'un os impair à cheval sur une suture, mais que de plus il s'avance, de son extrémité antérieure, jusque sur le sommet des os du nez ». Puis à la page 67, c'est à dire quatre pages plus loin, ils ont soin de dire : « la protubérance (pyramide) est formée chez les jeunes sujets par les seuls sinus frontaux développés à l'endroit qu'elle occupe; chez les individus plus âgés par ces mêmes sinus *auxquels se surajoute un os épiphysaire* qui, dans la vieillesse, finit par se souder avec les os frontaux ».

Si dans les jeunes sujets il n'existe pas de point épiphysaire, ce que MM. Joly et Lavocat affirment et ce qui est vrai, comment ce point peut-il apparaître, alors que les individus sont plus âgés, c'est-à-dire quand l'ossification est sinon complète du moins sur le point de l'être ?

Pour tous les anatomistes, l'épiphyse est une éminence osseuse unie au corps d'un os au moyen d'un cartilage et qui se change en apophyse par les progrès de l'ossification; elle ne peut donc apparaître, nous le répétons, lorsque l'ossification est complète.

La manière de voir des monographes de la Girafe est simplement basée sur une fausse interprétation d'un phénomène cependant bien facile à expliquer.

« The protuberance upon the frontal and contiguous parts of the nasal bones, dit R. Owen (*Anatomy of vertebrates*, t. II, p. 476, 1866), is due to the enlargement of those bones, and not to any distinct osseous part; *its surface is roughened by vascular impressions undetermining the basal periphery and simulating a suture.* »

Là est la véritable explication. Il y a épaississement et élévation des extrémités contiguës des os du nez; il y a prolifération du tissu osseux, avec vascularisation, une véritable ostéoporose; et les aspérités résultantes, se multipliant, forment une sorte de bourrelet comparable aux *pierrures* de la *meule* des Cervidés, entourant la base de la pyramide et lui donnant l'aspect d'un *os propre à cheval sur la suture.*

Nous avions déjà insisté sur ces faits dans les Nouvelles Archives du Muséum (t. III, 2e série, 1880).

EDENTATI Cuv.

VERMILINGUI Gray.

Fam. MANIDÆ Turner.

Gen. MANIS Sund.

205. MANIS LONGICAUDA Geoff

Manis longicauda Geoff., Sundev. Kongl. Vet. Akad. Handl., 1842, p. 251.

Manis tetradactyla Lin. Syst. Nat. 1, p. 53.
Pholidotus longicaudatus Briss. R. An. 31.
Pangolin d'Afrique Cuv., oss. foss., t. V, p. 98.

Quoïhelo. — Peu commun. — Gambie, Casamence; on le rencontre également dans le pays des Serrères et plus rarement dans le Oualo Nous en avons possédé provenant de cette région.

Adanson connaissait cette espèce; il en parle dans son Cours d'Histoire Naturelle (*loc. cit.,* t. 1, p. 200) et s'exprime de la façon suivante : « Le Pangolin a l'air d'un Lézard dont la queue égale la longueur du corps; ses écailles sont grandes, non pas collées sur la peau, mais adhérentes seulement par leur partie inférieure, de manière qu'elles se relèvent à la volonté de l'animal comme les piquants du Hérisson, de sorte qu'aucun animal ne peut alors l'attaquer sans se blesser dangereusement; il se plie en boule, mais moins régulièrement que le Hérisson; sa grosse et longue queue reste au dehors, elle se roule en cercle autour du corps et, comme elle est anguleuse ou pyramidale, les écailles en se redressant lui donnent l'apparence d'une chausse-trape. Cet animal habite les terrains pierreux où il se creuse un terrier profond dans lequel il fait ses petits. Il ne vit que de Fourmis qu'il prend avec sa langue; il est doux, innocent, ne fait aucun mal; il court lentement et ne peut échapper à l'homme. Les Nègres en mangent la chair qu'ils trouvent délicate et saine; ils emploient ses écailles à divers usages. »

206. MANIS TRICUSPIS Rafin.

Manis tricuspis Rafin, Ann. Gen. Sc. Phys., Bruxelles, VII, p. 214.
— *multisulcata* Gray, P. Z. S. of Lond., 1843.
— *tridentata* Focillon., Rev. de Zool., 1850, t. I.
Le Phatagin Buff., H. N., t. X, p. 35.

Quoïhelo. — Habite les mêmes localités que l'espèce précédente, mais est moins commun.

« Le Phatagin diffère du Pangolin, dit Adanson (*loc. cit.,*

p. 201), en ce qu'il est une fois plus petit; que sa queue est une fois plus petite que son corps, et que ses pieds et une partie de ses jambes sont dégarnies d'écailles et velues; ses écailles sont armées de trois pointes. »

Gen. **PHOLIDOTUS** Sundev.

207. PHOLIDOTUS AFRICANUS Gray.

Pholidotus Africanus P. Z. S. of Lond., 1865, p. 368, p. XVII.

Peu commun. — Paraît localisé dans la région haute du fleuve; plaines du Bakoy et du Bafing; Pangalla; Kita.

Fam. **ORYCTEROPODIDÆ** Turner.

Gen. **ORYCTEROPUS** I. Geoff. Saint-Hil.

208. ORYCTEROPUS ÆTHIOPICUS Sundev.

Orycteropus Æthiopicus Sundev. Kong. Vet. Akad. Handl. 1841., p. 226, t. III, f. 1, 5.
— *Senegalensis* Lesson. Spec. Mamm., p. 277.

Goubpaba. — Assez commun. — Habite les plaines sablonneuses, le Oualo, le Cayor; Pays de Serrères, rive droite du Sénégal, lisière des forêts de Gommiers.

Suivant l'opinion de Duvernoy, que nous tenons pour juste, et qui est adoptée également par Gray (*P. Z. S.* of Lond., 1865, p. 382), nous ne voyons aucun caractère suffisant pour distinguer l'*Orycteropus Æthiopicus* Sundev. de l'*Orycteropus Senegalensis* Lesson.

Il n'en est pas de même quand on le compare à *l'Orycteropus Capensis* Geoff., où la dentition, diverses particularités du squelette et une couleur différente du pelage, caractérisent une espèce généralement acceptée.

PISCIFORMI H. M. Edw.

SIRENIDEI Illig.

Fam. MANATIDÆ Cuv.

Gen. MANATUS Cuv.

209. MANATUS SENEGALENSIS Cuv.

Manatus Senegalensis Cuv. Ann. Mus., t. XIII, p. 294, pl. 19, f. 4, 5.
Lamantin Adanson, Hist. Nat. Seneg., p. 143, et Cours d'Hist. Nat., t. 1, p. 135-137.

Lerou. — Assez commun. — Habite les grands Marigots, Lampsar, Leybar ; paraît remonter jusqu'au Bafing, où M. le Dr Colin l'a vu.

Adanson indique le Lamantin dans les Marigots de Sorres. Depuis l'époque où il visitait la Sénégambie, ils ont disparu de cette localité ; quoi qu'il en soit, les renseignements qu'il donne de cette espèce dans son Cours d'Histoire Naturelle sont d'une grande exactitude et nous ne saurions nous dispenser de les relater ici.

« Les plus grands Lamantins du Sénégal, dit-il, ont de 8 à 10 et 12 pieds de long ; ils ont la tête conique, les yeux petits, la bouche petite, armée de trente-deux dents mâchelières rondes sans aucune incisive ; le cuir est cendré noir, épais d'un pouce sur le dos et semé de quelques poils longs. La femelle a deux mamelles pectorales rondes ; l'accouplement se fait dans l'eau sur un bas-fond, la femelle se renverse quelquefois sur le dos.

» Cet animal broute l'herbe qui croît au bord des rivages et ne sort jamais de l'eau. Les Nègres le tuent en lui enfonçant leurs zagaies dans le corps ; ils en mangent la chair, qui est blanche, aussi bonne que celle du meilleur veau, recouverte d'une couche de lard blanc, de 4 à 5 pouces d'épaisseur; les deux os des oreilles servent aux Nègres du Sénégal dans les maladies vénériennes; ils en font infuser ou bien ils en râpent une petite quantité qu'ils boivent dans l'eau. »

Tous les auteurs, depuis Adanson, ont répété que le Lamantin vit à l'embouchure des fleuves. C'est une erreur en ce qui concerne du moins l'espèce du Sénégal. Elle ne se rencontre même jamais dans le fleuve, habitant, comme nous l'avons dit, les grands Marigots, toujours très éloignés de l'embouchure.

CETACEI Lin.

Fam. BALÆNIDÆ Gray.

Gen. BALÆNA Lin.

210. BALÆNA AUSTRALIS Desm.

Balæna australis Desm., Dict. Class. Hist. Nat., t. II, p. 164.
— Gerv. et V. Bened. Osteogr., p. 35, 1880.
Eubalæna australis Gray, Cat. Seals and Whales, p. 91, 1866.
Hunterius Temminckii Gray, Cat. Seals and Whales, p. 98, 1866.

N'Gaga. — Se rencontre assez fréquemment au large, à trois ou quatre milles de la côte, du Cap-Blanc au Cap-Vert; échoue rarement sur la côte.

Ce grand Cétacé auquel on donne ordinairement pour habitat presque exclusif (Gray, *loc. cit.*) le Cap de Bonne-Espérance, voyage, disent P. Gervais et Van Beneden (*Ostéologie des Cétacés vivants et fossiles, loc. cit.*), de l'Amérique du Sud à la côte d'Afrique; la Baleine du Sud, d'après Lesson, ajoutent ces auteurs, est très probablement répandue dans toutes les mers.

Suivant Scoresby (vol. II, p. 535), cet animal se trouve sur la côte Occidentale d'Afrique.

Fam. BALÆNOPTERIDÆ Gray.

Gen. BALÆNOPTERA Lacep. (Pro parte.)

211. BALÆNOPTERA PATACHONICA Bur.

Balænoptera Patachonica Burmès, P. Z. S. of Lond., 1865, p. 190
— Gerv. et V. Bened, *loc. cit.*, p. 225.

N'Gaga. — Mêmes localités que l'espèce précédente, mais plus rare.

« La côte Occidentale d'Afrique, disent P. Gervais et Van Beneden (*loc. cit.*) est riche en Balénoptères; pendant tout un temps on a été chercher des ossements de ces animaux pour la fabrication du Guano artificiel. »

La rareté sur la côte Sénégambienne de ce Balénoptère n'a pu donner lieu au commerce dont parlent P. Gervais et Van Beneden, commerce en quelque sorte localisé dans les environs immédiats du Cap de Bonne-Espérance; si la récolte des ossements de grands Cétacés a jamais été faite en Sénégambie, ce que nous ignorons, elle s'appliquait incontestablement à l'espèce suivante.

Fam. PHYSETERIDÆ Owen.

Gen. PHYSETER Wagl.

212. PHYSETER MACROCEPHALUS Lin.

Physeter macrocephalus Lin., Syst. Nat., 1, p. 107.
Catodon macrocephalus Lacep., Cet., t. 10, f. 1.
— Gray, Cat. Seals and Whales, 1866, p. 202.

N'Gaga. — Commun sur la côte, depuis les deux Mamelles jusqu'au Cap-Blanc.

Le Cachalot fréquente régulièrement les côtes de la Sénégambie; il vit en troupes nombreuses et s'approche du rivage où il échoue souvent en grand nombre. Il n'est pas rare de voir sur la côte des cadavres de ce Cétacé, plus particulièrement depuis les deux Mamelles jusqu'aux environs de Saloum, aux Almadies et à la baie du Lévrier.

Les Baleines et surtout les Cachalots, dit Golberry (*Voy. en Afr.*, t. II, p. 451.), fréquentent beaucoup les bords de l'Océan Atlantique, entre le Sénégal et le Cap des Palmiers; j'ai vu sur le rivage, près des petites Mamelles, une carcasse de Cachalot qui était encore entière et un cadavre de la même espèce sur les bords de la baie d'Ioff.

On trouve de l'Ambre gris, continue le même voyageur, vers le Cap-Blanc, dans le golfe d'Argain, au Cap-Vert, au Cap Sainte-Marie et au Cap Verga.

Dès 1605, la présence de l'Ambre gris était signalée sur la côte Sénégambienne, témoin ce passage du voyage de Peter Vanden Broock au Cap-Vert (Livre VII, chap. IX, p. 129) : « Pendant que j'étais sur la côte (*Cap Vert*) la mer y jeta une pièce d'Ambre gris de 80 livres ». Il y a sans nul doute exagération sur le volume de la pièce rejetée par la mer, mais le fait n'en est pas moins établi. Nous-même nous avons pu souvent recueillir des fragments de cet Ambre, soit au Cap-Vert, soit à la pointe de Barbarie, où les Nègres, très amateurs de parfums, s'empressent de le récolter parfois en quantités considérables.

Durand, dans son voyage au Sénégal, parle également de l'Ambre gris. « C'est sur les bords de la rivière de Saloum, dit-il, que l'on trouva un bloc d'Ambre gris dont le citoyen Pelletan fit l'acquisition. » (*loc. cit.*, p. 48.)

Fam. DELPHINIDÆ Gray.

Gen. ORCA Rondel.

213. ORCA CAPENSIS Gray.

Orca capensis Gray, Zool. Ereb. and Terror, p. 34, t. 9.

Delphinus orca Owen, Brit. Foss. Mamm.
— *globiceps* Owen, Cat. Mus. Coll. Surg., 165, n° 1139.

Galerr. — Rare. — Pêché au large, en vue de Guet-N'Dar.

Un exemplaire dont nous avons possédé la tête, pris en rade de N'Dartout, mesurait sept mètres de long.

Gen. **GRAMPUS** Gray.

214. GRAMPUS RICHARDSONII Gray.

Grampus Richardsonii Gray, Cat. Cet. Brit. Mus., 1850, p. 85.
— Gray, Cat. Seals and Whales, p. 299.

Galerr. — Rare. — Mêmes parages que le précédent.

Cette espèce du Cap remonte la côte Ouest et se rencontre au large en juin et juillet.

Gen. **LAGENORHYNCHUS** Gray.

215. LAGENORHYNCHUS ASIA Gray

Lagenorhynchus Asia Gray, Zool. Ereb. and Terror., t. 14.
— Gray, Cat. Seals and Whales, p. 269.

Tanoss. — Rare. — Toute la côte, du Cap-Blanc au Cap Verga

D'après P. Gervais et Van Beneden (*loc. cit.*, p. 597), ce Cétacé habite la côte de Guinée et l'archipel des Bissagos.

Gen. **TURSIOPS** P. Gerv.

216. TURSIOPS ADUNCUS P. Gerv.

Tanoss. — Assez fréquemment pêché en rade de Guet-N'Dar. On l'observe également au Cap-Vert et en Gambie.

Le Muséum d'Histoire Naturelle de Bordeaux possède un exemplaire de cette espèce provenant du Cap-Vert; le Musée de Liverpool en possède également un des côtes de Gambie.

Gen. **EUDELPHINUS** P. Gerv.

217. EUDELPHINUS DELPHIS P. Gerv.

Eudelphinus delphis P. Gerv. et V. Bened. Ost., p. 596.
Delphinus delphis Lin. Syst. Nat., 1, 108.
— Gray, Cat. Seals and Whales, p. 242.

Tanoss. — Commun sur toute la côte où il se tient pendant la plus grande partie de l'année.

Les Nègres, quand ils parviennent à s'emparer de cet animal, ne négligent jamais de recueillir les os du tympan, dont ils font des Grigris pour leurs pirogues.

Gen. **PRODELPHINUS** P. Gerv.

218. PRODELPHINUS DUBIUS P. Gerv.

Prodelphinus dubius P. Gerv. et V. Bened. Ost., p. 605.
Delphinus dubius Cuv. R. An., 1, 288, et Ann. Mus. XIX, p. 14.
— Gray, Cat. Seals and Whales, p. 253.

Tanoss. — Commun au Cap-Vert et dans les parages de Guet-N'Dar. On l'observe également à l'archidel du Cap-Vert.

219. PRODELPHINUS FRENATUS P. Gerv.

Prodelphinus frenatus P. Gerv. et V. Bened., Ost., p. 605.
Delphinus frenatus Duss. in F. Cuv. Mamm. Lith. et Cétacés, p. 155, pl. X, f. 1.

Tanoss. — Vit en troupes dans les mêmes parages que l'espèce précédente.

Il existe très certainement d'autres espèces de Cétacés sur les côtes de Sénégambie, surtout parmi les Dauphins; mais les difficultés de leur capture, comme aussi celle de leur étude, seront longtemps un obstacle à la connaissance complète de ces Mammifères si remarquables à plusieurs titres.

Quoi qu'il en soit, nous espérons compléter plus tard ces listes, grâce au bienveillant concours de nos confrères de la marine, auxquels nous devrons, dans un avenir prochain, de donner des suppléments importants à nos diverses monographies.

LISTE MÉTHODIQUE

DES

MAMMIFÈRES DE LA SÉNÉGAMBIE

MICRALLANTOIDEI H. M. Edw.

Simii A. M. Edw.

Anthropomorphæ Lin.

I. Troglodytes E. Geoff.

1 — T. niger E. Geoff.

Semnopithecidæ I. Geoff.

II. Colobus Illig.

2. — C. bicolor Gray.
3. — C. ferrugineus I. Geoff.

III. Guereza Gray.

4. — G. Ruppellii Gray.

Cercopithecidæ I. Geoff.

IV. Miopithecus I. Geoff.

5. — M. talapoin I. Geoff.

V. Cercopithecus Erxl.

6. — C. Ascanias Audeb.
7. — C. Diana Erxl.
8. — C. Mona Erxl.
9. — C. Campbellii Waterh.

VI. Chlorocebus Gray.

10. — C. ruber Gray.
11. — C. patas Erxl.
12 — C. Callitrichus I. Geoff.
13. — C. Tantalus Gray.

VII. Cynocebus Gray.

14. — C. Cynosurus Gray.

VIII. Cercocebus I. Geoff.

15. — C. fuliginosus Gray.
16 — C. collaris Gray.

Cynocephalidæ I. Geoff.

IX. Cynocephalus Briss.

17. — C. babouin Desm.
18. — C. sphinx Desm.
19. — C rubescens Trouess.

X. Chæropithecus Gray.

20. — C. leucophæus Gray.

Prosimii Hæck.

Galaginidæ Benn.

XI. Sciurocheirus Gray.

21 — S. Allenii Gray.

XII. Hemigalago Dahl.

22. — H. Demidoffii Dahl.

XIII. Otolicnus Peters.

23. — O. Senegalensis Gray.

XIV. Euoticus Gray.

24. — E. pallidus Gray.

XV. Otogale Gray.

25 — O. crassicaudatus Gray.

Perodicticinidæ Gray.

XVI. Perodicticus Benn.

26. — P. potto Wagn.

Chiropteri Blumb.

Pteropidæ Bp.

XVII. Xantharpya Gray.

27. — X. Straminea Gray.

XVIII. Eleutherura Gray.

28. — E. Ægyptiaca Gray.
29. — E. unicolor Gray.

XIX. Hypsignathus Allen.

30. — H Monstrosus Allen.

XX. Epomophorus Benn.

31. — E. macrocephalus Gray.
2. — E. Gambianus Gray.

XXI. Epomops Gray.

33. — E. Franqueti Gray.
34. — E. pusillus Peters.

Megadermidæ Wagn.

XXII. Lavia Gray.

35. — L. frons Gray.

Nycteridæ Dobs.

XXIII. Nycteris E. Geoff.

36. — N. hispidus Desm.
37. — N. Thebaicus E. Geoff.

Rhinolophidæ Wagn.

XXIV. Rhinolophus E. Geoff.

38. — R. fumigatus Rupp
39. — R. Clivosus Rupp.

Phyllorhinidæ Bp.

XXV. Phyllorhina Wagn.

40. — P. tridens Wagn.
41. — P. Gigas Wagn.
42. — P. fuliginosa Temm.

Taphozoidæ Wagn.

XXVI. Taphozous E. Geoff.

43. — T. perforatus E. Geoff.
44. — T. nudiventris Rupp.
45. — T. Peli Temm.

Molossidæ Peters.

XXVII. Myopteris E. Geoff.

46. — M. Daubentonii E. Geoff.

XXVIII. Nyctinomus E. Geoff.

47 — N. pumilus Gray.

Vespertitionidæ I. G. St- H.

XXIX. Synotus Reys.

48. — S. leucomelas Wagn.

XXX. Plecotus E. Geoff.

49. — P. Ægyptiacus E. Geoff.

XXXI. Vesperugo Blas.

50. — V. Temminckii Rupp.

XXXII. Scotophilus Leach.

51. — S. Nigrita Schreb.

XXXIII. Vespertilio Lin.

52. — V. Bocagei Peters.

Insectivori Cuv.

Erinaceidæ I. G. St-Hil.

XXXIV. Erinaceus Lin.

53. — E. frontalis A. Smith.
54. — E. auritus Pall.
55. — E. Æthiopicus Ehrenb.
56. — E. Pruneri Wagn.
57. — E. Adansoni Rochbr.

Soricidæ Bp.

XXXV. Crocidura Selys.

58. — C. sericea Wagn.
59. — C. crassicauda Wagn.
60. — C. viaria Rochbr.
61. — C. occidentalis Puch.

XXXVI. Crossopus Ander.

62. — C. nasutus Rochbr.

Glirini Erxl.

Anomaluridæ Waterh.

XXXVII. Anomalurus Waterh.

63. — A. Fraseri Waterh
64. — A. Beecroftii Fras.

Sciuridæ Alst.

XXXVIII. Sciurus Lin.

65. — S. Gambianus Ogilby.
66. — S. maculatus Temm.
67. — S. annulatus Desm.
68. — S. erythrogenys Wath.

XXXIX. Xerus Hemp. et Ehrenb.

69. — X. congicus Kuhl.
70. — X. erythropus E. Geoff.
71. — X. rutilus Rupp.

Myoxidæ Wagn.

XL. Graphiurus F. Cuv. et E. Geoff.

72. — G. murinus Desm.
73. — G. Coupei F. Cuv.
74. — G. Hueti Rochbr.
75. — G. Capensis F. Cuv.

Gerbillidæ Alst.

XLI. Gerbillus Desm.

76. — G. Ægyptius Desm.
77. — G. pigargus F. Cuv.
78. — G. longicaudus Wagn.
79. — G. Burtoni F. Cuv.

XLII. Rhombomys Wagn.

80. — R. Pyramidum E. Geoff.

XLIII. Psammomys Rupp.

81. — P. obesus Rupp.

Dendromydæ Alst.

XLIV. Dendromys A. Smith.

82. — D. mystacalis Heugl.

Cricetidæ Alst.

XLV. Cricetomys Waterh.

83 — C. Gambianus Waterh.

Muridæ Alst.

XLVI. Epimys Trouess.

84. — E. decumanus Trouess.
85. — E. rattus Trouess.
86. — E. leucosternum Rupp.

XLVII. Isomys Sundev.

87. — I. variegatus E. Geoff.

XLVIII. Lemniscomys Trouess.

88. — L. barbarus Trouess.
89. — L. lineatus E. Geoff.

XLIX. Mus Lin.

90. — M. Musculus Lin.
91. — M. Gambianus Heugl.

L. Acomys I. Geoff.

92. — A. dimidiatus Rupp.

Spalacidæ Alst.

LI. Tachyoryctes Rupp

93. — T. macrocephalus Rupp.

Echinomydæ Alst.

LII. Aulacodus W. Swind.

94. — A. Swinderianus Temm.

Hystricidæ F. Cuv.

LIII. Atherura G. Cuv.

95. — A. Africana Gray.
96. — A. armata P. Gerv.

LIV. Hystrix Lin.

97. — H. cristata Lin.
98. — H. Senegalica F. Cuv.

Leporidæ Gray.

LV. Lepus Lin.

99. — L. Ægyptius E. Geoff.
100. — L. i abellinus Rupp.

LVI. Cuniculus Gerbe.

101. — C. Senegalensis Rochbr.
102. — C. domesticus P. Gerv.

MESALLANTOIDEI H. M. Edw.

Carnivori Cuv.

Felidæ Wagn.

LVII. Leo Gray.

103 — L. Gambianus Gray.

LVIII. Leopardus Gray.

104. — L. pardus Gray.

LIX. Felis Lin.

105. — F. Serval Schreb.
106 — F. rutila Waterh.
107. — F. neglecta Gray.
108. — F. Senegalensis Less.
109. — F. maniculata Rupp
110. — F domestica Briss.
111. — Bouvieri A. M. Edw.

LX. Chaus Gray.

112. — C. Caligatus Gray.

LXI. Caracal Gray.

113. C. Melanotes Gray.

LXII. Gueparda Gray.

114. — G. guttata Gray.

Viverridæ Wagn.

LXIII. Viverra Lin.

115. — V. civetta Schreb.

Genettidæ Gray.

LXIV. Genetta Briss.

116. — G. vulgaris Gray.
117. — G. Senegalensis Gray.
118. — G. Pardina I. Geoff.

Paradoxuridæ Gray.

LXV. Nandinia Gray.

119. — N. binotata Gray.

Herpestidæ Gray.

LXVI. Herpestes Illig.

120. — H. ichneumon Gray.

LXVII. Galogale Gray.

121. — C. melanura Gray.

LXVIII. Ichneumia I. Geoff.

122. — I. albicauda I. Geoff.
123. — I. nigricauda Pucher.

Rhinogalidæ Gray.

LXIX. Mungos Ogilby.

124. — M. Gambianus Ogilby.
125. — M. fasciatus Gray.

Hyænidæ I. G. St-Hil.

LXX. Hyæna Lin.

126. — H. brunnea Thumb.
127 — H. striata.

Lycaonidæ Gray.

LXXI. Lycaon Solin.

128. — L. venaticus Gray.

Canidæ Wagn.

LXXII. Lupus Briss

129. — L. anthus Gray.
130. — L. Senegalensis H. Smith.

LXXIII. Scalius H. Smith.

131. — S. aureus H. Smith.

LXXIV. Simenia Gray

132. — S. Simensis Gray.

LXXV. Canis Lin.

133. — C. Laobetianus Rochbr.
134. — C. familiaris Lin.

Vulpidæ Burm.

LXXVI. Vulpes Briss

135. — V. Niloticus Gerrard.
136. — V. Edwardsi Rochbr.

LXXVII. Fennecus Desm.

137. — F. dorsalis Gray.

Mustelidæ Grey.

LXXVIII. Gymnopus Gray.

138. — G. Africanus Gray.

Lutridæ Gray.

LXXIX. Aonyx Less.

139. — A. Lalandii Less.

Mellivoridæ Gray.

LXXX. Mellivora Stor.

140. — M. ratel Gray.
141. — M. leuconota Sclat.

Zorillidæ Gray.

LXXXI. Zorilla Gray.

142. — Z. striata Gray.
143. — Z. Senegalensis Gray.

HYRACIDEI H. M. Edw.

Hyracei H. M. Edw.

Hyracidæ G. Cuv.

LXXXII. Hyrax Herm.

144. — H. Syriacus Schreb.

LXXXIII. Euhyrax Gray.

145. — E. Abyssinicus Gray.

LXXXIV. Dendrohyrax Gray.

146. — D. dorsalis Gray.
147. — D. arboreus Gray.

PROBOSCIDEI Illig.

Elephantini Gray.

Elephantidæ Gray.

LXXXV. Loxodonta F. Cuv.

148. — L. Africana F. Cuv.

MEGALLANTOIDEI H. M. Edw.

Solidungulati Illig.

Equidæ Gray.

LXXXVI. Equus Lin.

149. — E. Caballus Lin.

LXXXVII. Asinus Gray.

150. — A. Vulgaris Gray.

Multungulati Illig.

Hippopotamidæ Gray.

LXXXVIII. Hippopotamus Lin.

151. — H. Senegalensis Desm.

LXXXIX. Chæropsis Leidy.

152. — C. Liberiensis Leidy.

Phacochæridæ Gray.

XC. Phacochærus F. Cuv.

153. — P. Africanus F. Cuv.
154. — P. Æliani Gray.

Suidæ Owen.

XCI. Potamochærus Gray.

155. — P. penicillatus Gray.

XCII. Scrofa Gray.

156. — S. domestica Gray.
157. — S. Gambiana Gray.

Tylopodi Illig.

Camelidæ I. Brook.

XCIII. Camelus Cuv.

158. — C. Arabicus Desm.

Tragulidæi H. et A. M. Edw.

Tragulidæ H. et A. M. Edw.

XCIV. Hyemoschus Gray.

159. — H. aquaticus Gray.

Pecoridæi H. et A. M. Edw.

Bovidæ Gray.

XCV. Bos Lin. (Pro parte.)

160. — B. Zébu I. Brook.
161. — B. Triceros Rochbr.
162. — B. Galla Salt.
163. — B. Dante Link.
164. — B. Harveyi Rochbr.

XCVI. Bubalus H. Smith.

165. — B. æquinoctialis Blith.
166. — B. brachyceros Gray.

Tragelaphidæ Gray.

XCVII. Oreas Desm.

167. — O. Derbianus Gray.
168. — O. Colini Rochbr.

XCVIII. Tragelaphus Blainv.

169. — T. euryceros Gray.
170. — T. decula Gray.
171. — T. scriptus Gray.
172. — T. gratus Sclat.

Orygidæ Gray.

XCIX. Oryx. Blainv.

173. — O. leucoryx Gray.

C. Addax Gray.

174. — A. nasomaculatus Gray.

Hippotragidæ Gray.

CI. Aigoce.us H. Smith

175. — A. equinus Gray.

Antilopidæ Gray.

CII. Gazella H. Smith.

176. — G. isabella Gray.
177. — G. dorcas Licht.
178. — G. rufifrons Gray.
179. — G. Cuvieri Brook.
180. — G. dama Gray.
181. — G. mohr Gray.

Cervicapridæ Gray.

CIII. Adenota Gray.

182. — A. kob Gray.

CIV. Kobus H. Smith.

183. — K. sing-sing Gray.

CV. Eleotragus Gray.

184. — E. reduncus Gray.

CVI. Nanotragus Sundw.

185. — N. nigricaudatus Brook.
186. — N. pygmæus Brook.

Cephalophoridæ Gray.

CVII. Cephalophorus H. Smith.

187. — C. coronatus Gray.
188. — C. madoqua Gray.
189. — C. rnfilatus Gray.
190. — C. Maxwellii Gray.
191. — C. Whitfieldii Gaay.

Alcelaphidæ Gray.

CVIII. Boselaphus Gray.

192. — B. major E. Blith.

CIX. Damalis H. Smith.

193. — D. Senegalensis Gray.
194. — D. zebra Gray.

Hircidæ I. Brook.

CX. Capra Sundw.

195. — C. Nubiana F. Cuv.

CXI. Hircus Wagn.

196. — H. domesticus Briss.
197. — H. depressus Schreb.
198. — H. reversus Schreb.

Ovidæ I. Brook.

CXII. Ovis Lin. (Pro parte.)

199. — O. longipes Desm.
200. — O. Bakelensis Rochbr.
201. — O. Djalonensis Rochbr.
202. — O. melanocephalus Gray.
203. — O. laticaudatus Erxl.

Cameleopardalidæ S. Hong.

CXIII. Giraffa Briss.

204. — G. cameleopardalis Briss.

EDENTATI Cuv.

Vermilingui Gray.

Manidæ Turner.

CXIV. Manis Sund.

205. — M. longicauda Geoff.
206. — M. tricuspis Rafin.

CXV. Philodotus.

207. — P. Africanus Gray.

Orycteropodidæ Turn.

CXVI. Orycteropus E. Geoff.

208. — O. Æthiopicus Sundw.

PISCIFORMI H. M. Edw.

Sirenidei Illig.

Manatidæ Cuv.

CXVII. Manatus Cuv.

209. — M. Senegalensis Cuv.

Cetacei Lin.

Balænidæ Gray.

CXVIII. Balæna Lin.

210. — B. australis Desm.

Balænopteridæ Gray.

CXIX. Balænoptera Lacep.

211. — B. Patachonica Burm.

Physeteridæ Owen.

CXX. Physeter Wagl.

212. — P. macrocephalus Lin.

Delphinidæ Gray.

CXXI. Orca Rond.

213. — O. Capensis Gray.

CXXII. Grampus Gray.

214. — G. Richardsonii Gray.

CXXIII. Lagenorhynchus Gray.

215. — L. Asia Gray.

CXXIV. Tursiops P. Gerv.

216. — T. aduncus P. Gerv.

CXXV. Eudelphinus P. Gerv.

217. — E. Delphis P. Gerv.

CXXVI. Prodelphinus P. Gerv.

218. — P. dubius P. Gerv.

219. P. frenatus P. Gerv.

Bordeaux. — Imprimerie J. Durand, rue Condillac, 20.

EXPLICATION DES PLANCHES

Planche I.

Figure 1. — *Otolicnus Senegalensis* Gray grand. nat.

Planche II.

Figure 1. — *Erinaceus Adansoni* Rochbr. 3/5 grand. nat.
» 2. — *Crocidura viaria* Rochbr. grand. nat.
» 3. — *Crossopus nasutus* Rochbr. grand. nat.

Planche III.

Figure 1. — *Graphiurus Hueti* Rochbr. 2/3 grand. nat.
» 2. — *Aulacodus Swinderianus* Temm. 1/4 grand. nat.

Planche IV.

Figure 1. — *Atherura armata* P. Gerv. 1/3 grand. nat.
» 2. — Un des piquants du même, grossi 2 fois.

Planche V.

Figure 1. — *Canis Laobetianus* Rochbr. 1/8 grand. nat.
» 2. — *Vulpes Edwardsi* Rochbr. 1/4 grand. nat.

Planche VI.

Figure 1. — *Bos triceros* Rochbr. 1/13 grand. nat.

Planche VII.

Figure 1. — *Oreas Colini* Rochbr. 1/6 grand. nat.
» 2. — *Oreas Derbianus* Gray » »
» 3. — *Oreas canna* Gray » »

Planche VIII.

Figure 1. — *Tragelaphus gratus* Sclat. 1/8 grand. nat.

Planche IX.

Figure 1. — *Ovis Bakelensis* Rochbr. 1/8 grand. nat.
» 2. — *Ovis Djalonensis* Rochbr. 1/8 grand. nat.

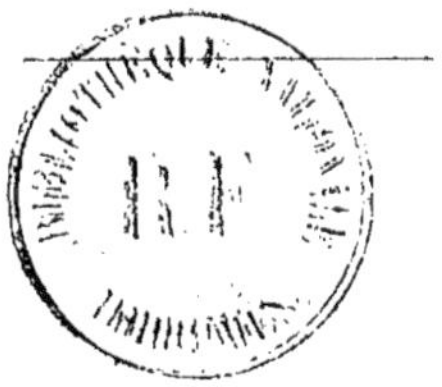

Pl. 1.

J Terrier del

Imp. Becquet fr. Paris.

Otolicnus Senegalensis Gray.

Pl. II.

3

2

1

J. Terrier del.

Imp. Becquet fr. Paris.

1. Erinaceus Adansoni Rochbr. — 2. Crocidura viaria Rochbr.

3. Crossopus nasutus Rochbr.

Pl. III

J. Terrier del. Imp Becquet fr. Paris.

1 Graphiurus Hueti Rochbr. 2 Aulacodus Swinderianus Tem.

Pl. IV.

J. Terrier del.

Imp. Becquet fr. Paris.

1, 2. Atherura armata P. Gerv.

Pl. V.

J. Terrier del. Imp. Becquet fr. Paris.

1. Canis Laobetianus Rochbr. _ 2. Vulpes Edwardsi Rochbr.

Pl. VI

J. Terrier del. Imp. Becquet fr. Paris.

Bos triceros Rochbr.

J. Terrier del.

Imp. Becquet fr. Paris.

1. Oreas Colini Rochbr. — 2. Oreas Derbianus Gray.
3. Oreas Canna Gray.

Pl. VIII.

J. Terrier del. Imp. Becquet fr. Paris.

Tragelaphus gratus Sclat.

Pl. IX.

J. Terrier del. Imp. Becquet fr. Paris.

1. Ovis Bakelensis Rochbr. _ 2. Ovis Djalonensis Rochbr.

Bordeaux. — Imprimerie J. Durand, rue Condillac, 20.

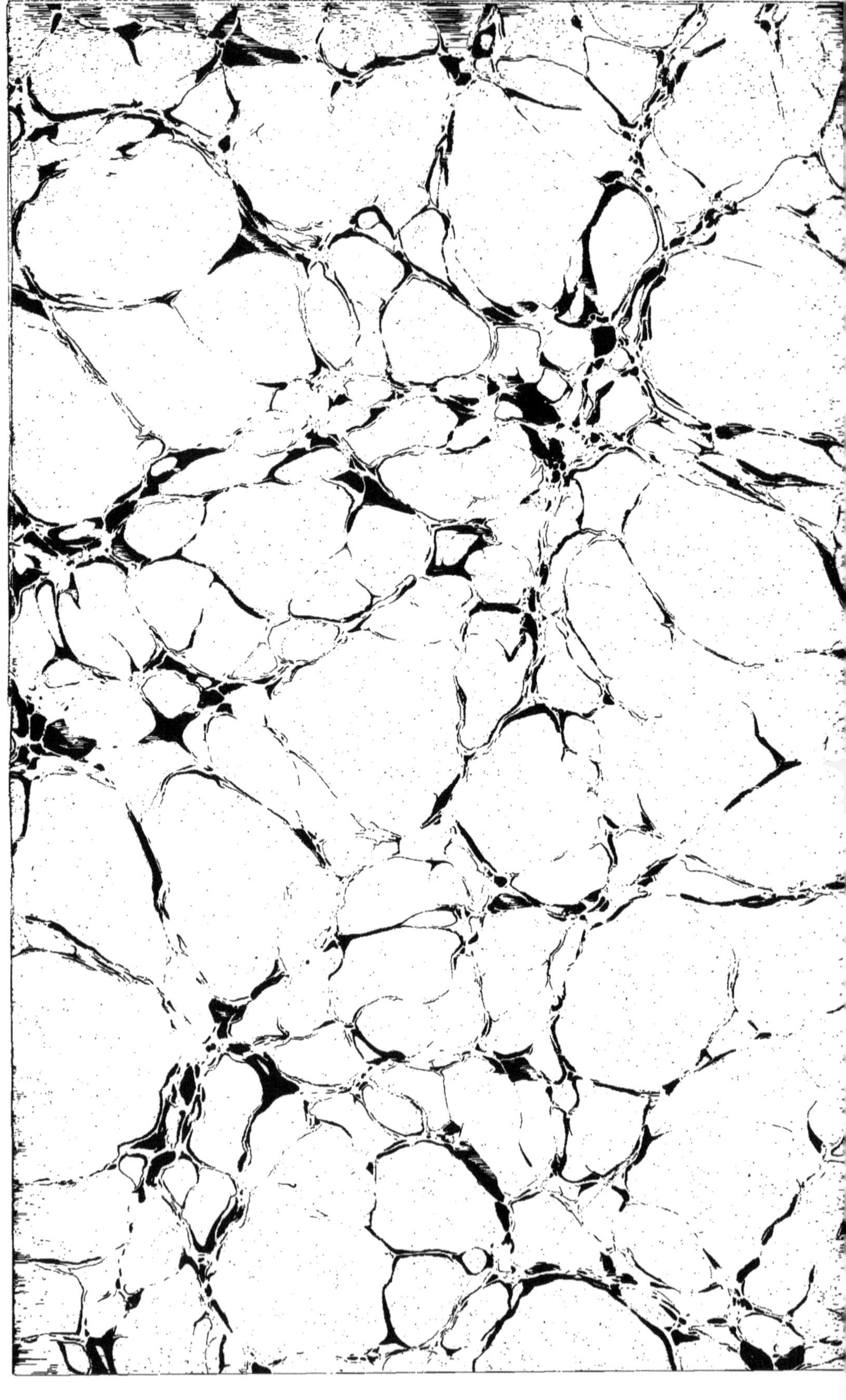

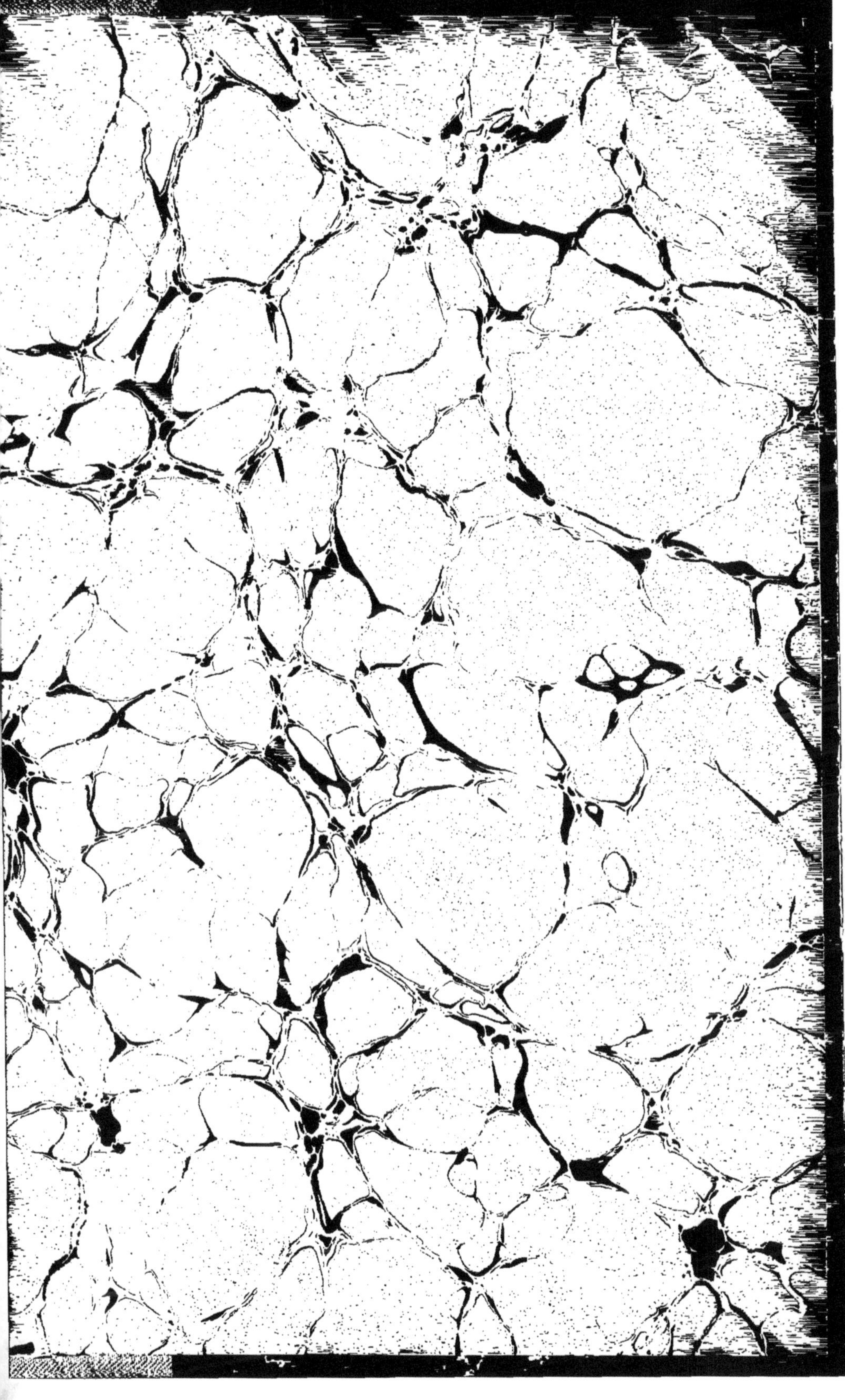

www.ingramcontent.com/pod-product-compliance
Ingram Content Group UK Ltd.
Pitfield, Milton Keynes, MK11 3LW, UK
UKHW020123200726
13856UKWH00002B/711